商业首饰设计

（第二版）

潘焱 编著

前　言

珠宝设计是一门包含了艺术美学、工艺生产、人体工程学和商业设计等知识的综合性学科。设计是一个思维创作的活动过程，是理性和感性两种思维的碰撞。设计师要用感性思维感悟生活，从大自然中吸取养分和灵感，而当拥有了灵感的火花时就要开始用理性思维进行设计。只有考虑客户需求、艺术审美、制作工艺、商业价值等才能设计出既有艺术美感又适合佩戴的珠宝首饰，这需要设计师有非常好的艺术修养和丰富的实战经验。珠宝设计师是"戴着镣铐跳舞的艺术家"。只有把感性的设计和理性的经验巧妙地融合在一起的作品，才能引起人们的共鸣，真正成为经典。

要成为一名合格的设计师必须做到以下几点。

第一，夯实美学基础。

要想从事设计这个职业，必须要有扎实的美术功底和艺术修养。只有打好了基础才有可能做好设计工作，才能在未来设计出属于自己的一片天空。

第二，积累社会经验。

刚走入社会的设计师，往往内心充满着憧憬，但是有机会上岗操作时又满脑空白，对于设计一点思绪都没有，或者只追求设计的新、奇、怪，但是得不到客户的认可。究其原因在于：设计经验不足，导致其表现方式有限或不是最有效的；跟客户沟通少，难以全面理解客户需求。最可怕的是，这些设计新人一味追求形式感导致脱离市场。因此，设计新人常常需要进行反思，以便积累经验。

第三，激发创意思维。

客户是上帝。通过几年时间的磨炼，一些设计师能渐渐摸索出一套应对客户的有效方法，这就是我们俗称的"套路模式"。不过，有上进心的设计师往往会不断地激发自己的灵感和创意——这其实只是成为优秀设计师的开始阶段。只有多多提炼自己的创意并与市场尽快融合，才能使创意在经验中得到成长，从而丰富、活跃自己的思维。激发创意的最好方法就是行动起来，多思考。

第四，寻求个性再现。

唯命是从的设计师是没有个性的。要想成为优秀的设计师，就必须让自己的作品充满个性，或张扬、含蓄，或色彩绚丽等。与众不同必会让别人眼前一亮，别人发现你的作品，承认你的价值。

第五，创造完美价值。

好的设计师应该善于利用材料，在客户充分信任下支配成本，在心情完全放松的前提下让作品得到升华，从而获得客户认可。

第六，提升综合能力。

在设计的过程中往往会遇到思维"瓶颈",这就需要设计师学习更多的知识来突破自己,理性地吸收新的知识和文化,并转换成设计语言。建议多读"杂书"并研习艺术理论,要知道任何一种文化的存在都有它的道理。

第七,策划先于设计。

要想成为一名优秀的设计师,仅有良好的设计基础和丰富的学识是不够的,必须学会合理调度、运用各种元素,必须在设计之前先预估设计的结果(包括市场的反响、效益、连带关系、后续进展等)。好的设计师必须能开发市场、驾驭市场、引导市场——这需要很好的策划作为前提,并且要会在市场运作中调整策划方向。

第八,懂得品味生活。

优秀的设计师一定是懂得生活、有品位的人,他明白在烦恼时用舒缓的音乐来放松自己;穿衣服有自己的品位,不会盲目追求潮流,更不会不修边幅地让人侧目;偶尔会喝醉,因为澎湃的激情需要释放;会站在海边迎风呼吸海的味道,会静静地聆听大自然的声音……

第九,证明自己能力。

在自己羽翼逐渐丰满起来的时候,应当证明自己的真正实力,多参加一些大型的策划、设计项目,多参加一些国内、国际比赛,多与业内精英交流,多看别人的作品并反思自己的不足((与高手过招,才能发现自己的弱点)。

第十,以道德作为唯一标准。

任何一个设计师不论置身何处,口碑是最重要的,良好的修养直接可以反映在其作品中。要想得到别人的尊重首先必须学会以德服人。

再版前言

  随着近些年各个产业的重新升级与改造，珠宝行业正经历着从制造到创造的转型期。很多珠宝品牌都加大产品设计的投入力度，努力打造具有识别性的商业符号，以提升首饰的商业价值。在这一过程中，商业首饰设计越来越受到人们的重视，从事珠宝设计工作或学习珠宝设计的人越来越多。但目前关于珠宝设计的教科书还比较单一，很难满足学生及设计师们的实际需求。从当前珠宝设计专业的教学来看，珠宝设计教学体系还不够完善，教学方法也缺乏系统性。如何将珠宝首饰设计创意商业化，创造出更多的商业价值，正是本书的研究重点。

  结合《商业首饰设计（第一版）》中案例陈旧、珠宝设计软件单一且已经过时、缺乏行业最前沿的研究内容等问题，《商业首饰设计（第二版）》融入了新的实践内容，并且加入了许多最新的商业首饰设计成功案例，其中不乏优秀珠宝设计师的经典佳作。《商业首饰设计（第二版）》从珠宝设计基础、珠宝手绘设计、珠宝3D设计、商业首饰设计、品牌珠宝、高级定制、珠宝设计大赛、设计师原创作品赏析等方面，由浅入深地让读者了解商业首饰设计，并且向读者传递商业首饰设计的设计理念。《商业首饰设计（第二版）》最大的亮点之一就是整合了行业里顶级设计师的作品及成功案例，同时还汇聚了当前在商业首饰设计中最具代表性的深圳市珠宝行业领头企业的设计案例，是一本专业性强、"干货"最多的实用型设计书籍。我们希望通过《商业首饰设计（第二版）》的顺利出版，让广大读者学会欣赏商业首饰设计的美，让广大从业人员领悟商业首饰设计的精髓，同时也为整个珠宝行业在转型期的发展贡献一份力量。

  由于编者知识水平所限，本书还存在一些瑕疵和不足之处，望大家多多批评指正！

潘 焱

2020年11月20日

序　言

做奔跑的追梦人

"亦余心之所善兮，虽九死其犹未悔。"两千多年前，在《离骚》中，屈原以如此决绝的文字，讲述追逐美好梦想的豪情与坚定，至今读来，依旧令人动容。

应当说，当梦想照进现实，一切付出都恰如其分。

众所周知，深圳珠宝行业在发展中经历了不短时间的结构优化、产业升级，如今，随着"创新"成为人人关注的热门词，这艘"巨轮"也已然驶入了转型深水区。细审现状不难发现，虽然行业内不乏题材、功能、材料、工艺等方面的创新，但对文化资源所蕴含的历史、艺术、经济等价值还缺乏深层次的挖掘与利用。具象至设计层面，同质化严重、设计人才匮乏，依然是困扰我们继续前行的桎梏之一。

实际上，随着"90后""千禧一代"的成长，中国珠宝市场消费者的偏好已经从大号的、保值的传统普货，转向小巧的以设计为中心的轻奢饰品。也因此，在消费多元化趋势的浪潮下，我们更需要在珠宝设计领域培养出更多的高层次、复合型人才，创造出既不失艺术情怀又具备商业价值，能令市场繁荣、令消费者心驰神往的珠宝佳作。

在《商业首饰设计（第二版）》里，编者详尽又不失生动地为我们展现了一个真实的珠宝设计世界：它并非只有天马行空、曲高和寡的艺术畅想，更需要综合考虑可生产性、可佩戴性以及商业价值。也因此，除了基础知识的宣导，这本书还融进了实战范例，整合成功设计师以及珠宝设计大赛获奖作品，从研发、设计、生产、销售多个层面进行全产业链深度解析，力求给读者以清晰的引导与准确的认知。

眼下，我们面对的是一个空前广阔、空前激荡、空前厚重的时代，而在这个机遇与挑战并存的大背景下，我们的责任，就是抓住机遇、迎接挑战，让一切梦想大放光彩。所以，我特别希望《商业首饰设计》能够启迪更多的珠宝设计人才，帮助他们在艺术同商业间找到平衡，更加迅速地进步与成长。同时，我也期待看到，每一个心怀梦想的珠宝设计人才，能在这个五光十色的创意世界里，用最动人的姿态，向着梦想，努力奔跑，矢志不渝！

深圳市黄金珠宝首饰行业协会会长

2020年11月30日

目 录

第一章　珠宝首饰设计基础 / 1
第一节　珠宝绘图工具介绍 / 2
第二节　手绘设计基本功练习 / 6
第三节　珠宝首饰的着色方法 / 9
第四节　各种彩色宝石上色技法解析 / 13
第五节　绘制首饰三视图和立体图 / 23
第六节　水粉绘画技法流程 / 45

第二章　珠宝电绘设计 / 55
第一节　JewelryCAD 电脑绘图软件简介 / 56
第二节　Matrix 电脑绘图软件介绍 / 58
第三节　Idesign 电脑绘图软件 / 78
第四节　3D 设计及 3D 打印技术在珠宝行业的应用 / 99

第三章　商业首饰设计流程及设计案例解析 / 117
第一节　商业首饰设计概述 / 118
第二节　商业首饰设计研发思维解析 / 120
第三节　戒指生产加工流程解析 / 121
第四节　商业首饰设计案例 / 124

第四章	**珠宝品牌设计**	/ 139
	第一节　品牌概述	/ 140
	第二节　品牌定位	/ 144
	第三节　中国珠宝品牌发展现状及发展趋势	/ 146

第五章	**珠宝首饰私人定制**	/ 151
	第一节　珠宝首饰私人定制概述	/ 152
	第二节　珠宝首饰私人定制生产流程图解	/ 156
	第三节　原创珠宝设计作品解析	/ 160

第六章	**珠宝首饰设计大赛**	/ 177
	第一节　珠宝首饰设计大赛概述	/ 178
	第二节　国内外重要首饰设计大赛获奖作品展示	/ 179
	第三节　国内外首饰设计大赛作品创作过程解析	/ 184

第七章	**两岸三地著名珠宝设计师**	/ 207
	第一节　中国台湾著名珠宝设计师	/ 208
	第二节　中国香港著名珠宝设计师	/ 216
	第三节　中国内地著名珠宝设计师	/ 223

附　录	**中国珠宝品牌案例赏析**	/ 243

第一章 珠宝首饰设计基础

本章首语

手绘的艺术特点和优势决定了它在首饰设计中的地位和作用,其表现技法带有纯粹的艺术气质,是理性设计与感性艺术的融合。设计师在学习掌握绘画技法的过程中要不断地练习和积累,从而慢慢地形成自己特有的艺术表现手法和风格。好的手绘原稿能达到神形兼备的艺术水准,是艺术赋予产品形象以精神和生命的最高境界,也是艺术品质和价值的体现。

一张好的创意设计图稿可以代表设计师个人的风格,这是设计师个性和内涵的一种表现。为什么说只要一看设计师的手稿就知道是出自哪位设计师之手呢?因为这是设计师自身的绘画艺术表现和个人作品风格的个性展现形式。因为这个世界永远没有两个完全一样的人,所以上帝造就了一个独一无二的你。由于设计师的性格、习惯、爱好、文化修养等不同,设计出来的作品给人的感受也不同。在学习和掌握好基本绘画技法的同时,慢慢发现自己的特点并将其转化为自己的核心优势,这样才能逐渐形成自己独有的风格。

要想成为一名好的设计师,首先,要有良好的美术基础和绘画功底,这样才能把自己心中所思、所想通过绘画技法表现出来,把一个抽象的灵感概念通过自己的思想进行创造设计;然后,用自己的绘图技法把它清晰地表现出来,让人们能看懂你的设计,读懂你的思想;最后,画出标准的、可制作的设计工艺图。一般一件珠宝作品的生产流程为:打样—出蜡—倒模执模—镶嵌—抛光—电金出成品。由此,从一个抽象的概念到首饰设计,再到工艺制作,最后完成实物制作,才算真正完成了一个完整的珠宝首饰设计。绘画对于初学的设计师而言是一门必修课。只有掌握了良好的技法,才能把自己的创意准确无误地表达出来,让工艺师和客户都能看明白自己的设计理念和工艺制作。

第一节 珠宝绘图工具介绍

一、绘图模版及直尺

常用的绘图模版有圆形、蛋形、方形、心形、祖母绿形等,主要用来绘制宝石形状。直尺主要用来在构图中画直线、量尺寸、画标准的设计工艺图等。

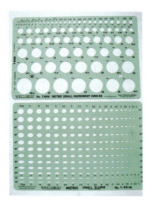

二、绘图铅笔

绘图铅笔主要用来勾画设计草图。其中,H～4H属于硬铅,由于其笔芯较硬,适合绘画清晰的线描图,但不易修改和擦拭;B～6B属于软铅,由于其笔芯较软,适合构思草图和速写用,容易修改和擦拭。

一般画标准的商业设计工艺图都会使用彩色铅笔(简称"彩铅")。彩铅有两种:一种是油性彩铅,另一种是水溶性彩铅。可根据不同的绘画技法,选择不同性质的彩铅。

三、自动铅笔

自动铅笔的笔芯很细,主要用来勾画正稿,用它绘制的线条简单清晰、细致精确。常用的自动铅笔笔芯直径为0.3mm和0.5mm。笔芯也有软芯和硬芯之分,可根据不同的绘画要求自主选择。

四、勾线笔

一般在最终定稿时要使用勾线笔,用勾线笔描绘出的首饰造型线条简单清晰、干净准确。现在设计师常用的勾线笔有直径为0.1mm的针管笔、直径为0.18mm的勾线笔和直径为0.38mm的圆珠笔。

五、水彩笔

水彩笔主要用于给完成的正稿上色。由于水彩笔颜色丰富、色彩鲜艳而且着色方便,现在广泛适用于商业设计绘图中。水彩笔也分为水性和油性两种。

六、毛笔

毛笔结合颜料主要用于表现绘画艺术的创意效果。常用的毛笔有勾线笔、线描笔、狼毫、小白云等。

七、颜料

一般多在黑卡纸或水纹纸上绘画时需要用到颜料,用颜料绘制的图效果逼真、立体感强。颜料主要分为水粉颜料和水彩颜料两种。水粉颜料主要用于表现绘画艺术的创意效果,其颜色丰富多彩,使用者可以进行自由涮色,因此,非常实用。

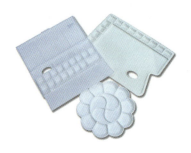 

八、绘图纸

常用的绘图纸有白色的复印纸,水纹纸,皮纹纸,黑、灰卡纸等。其中,白色的复印纸主要用来绘制常规的商业首饰标准设计图稿,水纹纸和黑卡纸主要用来绘制高级珠宝或艺术创意效果图。

九、可塑橡皮擦和绘图橡皮擦

可塑橡皮擦和绘图橡皮擦主要是用来擦拭铅笔设计稿上的错误,前者是软橡皮,后者是硬橡皮。

十、游标卡尺

游标卡尺主要用来测量宝石规格和首饰图纸的尺寸,其测量精度高,是设计师设计绘图中常用的工具之一。

第二节　手绘设计基本功练习

学习手绘设计基本功就好比学功夫前要先学习如何扎好马步。没有人一出生就会走（跑），而是都要从最基础的开始学习，每天进步一点点。因此，初学者一定要坚持每天练习，等打好了坚实的基础后才能开始学习设计。练习基本功是学习珠宝手绘设计的必修课。

一、线条基本功练习

1. 直线基础练习

刚开始学习手绘设计时，建议用素描铅笔练习，因为素描铅笔画线条时，轻、重、粗、细可以随着自己的画法改变，而且修改也很方便。

练习画直线时手握铅笔不宜过重，还要保持每条线之间的间距。

2. 曲线基础练习

曲线画法和直线画法基本相同，只是随着曲线波浪纹的不同，要保持线条间距以及注意曲线转折端下笔的轻重。

3. 简单叶子形练习

叶子曲线造型是练习绘制曲线基本功最常用的曲线造型之一，十分简单易学。

4. 丝带曲线练习

丝带曲线练习也是练习绘制曲线基本功常用的曲线造型技法之一。练习画丝带时一定要注意线条的虚实和下笔时的轻重。

二、圆形基本功练习

1. 椭圆造型练习一

将线条基本功练到一定的水平之后就可以开始练习画椭圆形,因为圆形在珠宝手绘中最常被用到,而且画圆形也是最考验功底的一种方法。只要能将圆形画好,画其他的图形基本都不是问题了。大画家达·芬奇学习画蛋都用了3年,可想而知,练习画椭圆是多么重要。

由于从不同角度倾斜椭圆具有不同的形状,我们就先从倾斜30°的椭圆开始练习(注意:练习画椭圆时一定要一笔画完,中间不能有停顿或者复笔)。

2. 椭圆造型练习二

画好倾斜30°的椭圆后可以慢慢练习其他角度的椭圆,对所画的椭圆不要求每个都一模一样。

3. 正圆造型练习

将椭圆造型练习到一定水平之后,我们就要开始练习画正圆了。正圆是所有几何造型中最难画好的造型,如果我们把正圆画好了,那画其他的图形就没有什么问题了。

4. 圆的透视练习

等把所有的圆形造型都学会之后就可以学习圆的透视原理,因为在珠宝手绘设计中经常要用到圆的透视原理,如镶嵌宝石的透视效果和圆形造型的透视效果等。只有学习和了解了圆的透视原理并将它运用到绘画过程中,设计出的首饰造型才会更加立体。

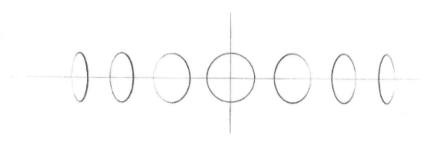

三、金属面肌理效果练习

练习金属面画法最关键的是金属质感的表现技法。金属质感是首饰设计中最常见的视觉特征,如表面的细腻和粗糙、光亮度的高和低、平面和凹凸面的区别。工艺铸造的肌理效果是表现绘画金属质感要注意的细节。

金属面分为3种:平面金属面、凸面金属面和凹面金属面。金属面种类不同,所呈现的明暗交界线和表现技法也有所不同。只有设计师画好了想要表达的金属面,工艺师才能将它按预期的效果表现出来。

平面效果　　　　　凸面效果　　　　　凹面效果

利用不同工艺铸造出来的金属面,所呈现的肌理效果也有所不同。以下是按照行业最常用的几种工艺铸造出的金属肌理效果。

　　光面效果　　　　　　　　拉丝效果　　　　　　　　喷砂效果

第三节　珠宝首饰的着色方法

　　首饰的着色方法主要有两种：彩色铅笔着色、水粉着色。

　　彩色铅笔着色，即彩铅绘画技法，比较容易掌握，而且用它绘画方便快捷，现已广泛地用于商业首饰设计绘图中。

　　在使用彩色铅笔绘画时，要使线条均匀一致且有层次，着色一次后如果觉得色调太浅，可重复上色。着色可以省略不必涂色的部分或仅轻涂一层，再用较深的近似色画出明显的轮廓。

　　水粉着色，即水粉绘画技法，相对比彩铅技法要难一点，而且所花的时间也会多些，但是所绘的图效果逼真、有艺术感。水粉着色一般用于绘制艺术珠宝效果图或高级珠宝定制图。

　　水粉颜料是带粉质的颜料，和水彩不同，水粉颜料在湿时其色彩饱和度较高，但在干后色彩容易变暗。初学者在学习掌握水粉绘画技法时一定要注意水和颜料之间的配比。水粉画色彩明度的高低是由白颜料的多少决定的，所以在学习水粉绘画技法时一定要多画、多调色，这样才能慢慢地掌握水粉着色。

一、金属叶彩铅着色技法

1. 银白色效果着色方法

（1）先在白纸上画出简单的叶子造型，使用针管笔勾线。

（2）然后用铅笔勾画出金属的明暗交界线。

（3）再用银灰色彩铅打上淡淡的阴影效果。

（4）最后用黑色圆珠笔勾画好明暗交界线，再用银灰色彩铅使晕色慢慢地过渡，增强金属质感。

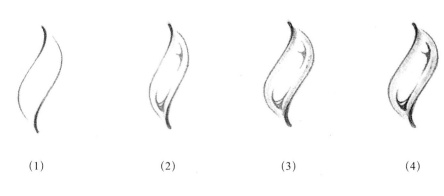

　　（1）　　　　　　（2）　　　　　　（3）　　　　　　（4）

2. 黄金效果着色方法

(1)先在白纸上画出简单的叶子造型,使用针管笔勾线。
(2)然后用土黄色彩铅画出阴影效果。
(3)再用中黄色彩铅给阴影效果慢慢着色。
(4)最后用柠檬黄彩铅晕色,中间留出白色部分作为高光面。

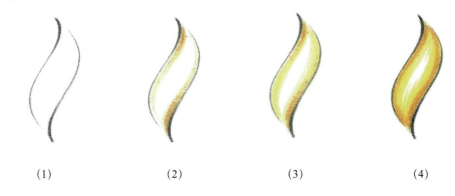

(1)   (2)   (3)   (4)

3. 玫瑰金效果着色方法

(1)先在白纸上画出简单的叶子造型,使用针管笔勾线。
(2)然后用玫瑰红色彩铅画出阴影效果。
(3)再慢慢加深着色晕染效果。
(4)最后用粉红色彩铅晕色,中间留出白色部分作为高光面。

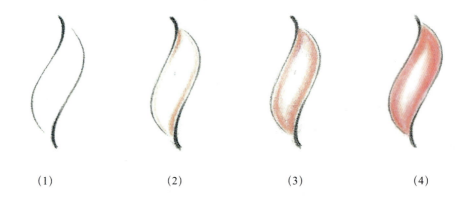

(1)   (2)   (3)   (4)

二、金属叶水粉着色技法

1. 铂金效果着色方法

(1)先在水纹纸上画出简单的叶子造型,使用针管笔勾线。
(2)然后用白色颜料涂上一层底色。
(3)再用灰色颜料打上阴影效果,然后让晕色慢慢地过渡。
(4)最后在高光处提亮色调,画出金属的明暗交界线。

(1)　　　　　　(2)　　　　　　(3)　　　　　　(4)

2. 黄金效果着色方法

(1) 先在水纹纸上画出简单的叶子造型,使用针管笔勾线。
(2) 然后用土黄色颜料涂上一层底色。
(3) 再用褐色颜料打上阴影效果,然后慢慢地向中间晕色。
(4) 最后用中黄色颜料提亮色调,高光处用白颜料晕色。

(1)　　　　　　(2)　　　　　　(3)　　　　　　(4)

3. 玫瑰金效果着色方法

(1) 先在水纹纸上画出简单的叶子造型,使用针管笔勾线。
(2) 然后用玫瑰红色颜料涂上一层底色。
(3) 再用玫瑰红色颜料打上阴影效果,然后慢慢地向中间晕色。
(4) 最后用粉红色颜料提亮色调,高光处用白颜料晕色。

(1)　　　　　　(2)　　　　　　(3)　　　　　　(4)

金属材质着色效果练习作品赏析

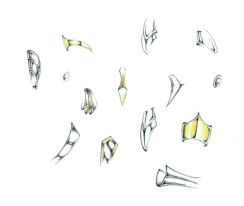
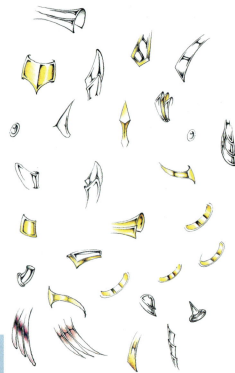
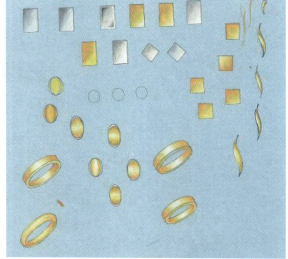

第四节　各种彩色宝石上色技法解析

一、钻石效果绘画技法

（1）首先用铅笔画出十字坐标轴,然后对切45°。

（2）根据辅助线画出钻石的刻面角,并以坐标原点为圆心画出正圆。

（3）然后用针管笔勾线,擦去辅助线。

（4）用自动铅笔简单地画出钻石的星出火彩,打上刻面阴影。

（5）用直径为0.38mm的圆珠笔加深星光效应,最后用灰色水彩笔打上阴影面,简单的钻石效果就画好了。

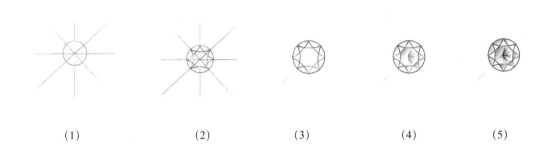

(1)　　　　　(2)　　　　　(3)　　　　　(4)　　　　　(5)

二、珍珠效果绘画技法

（1）首先用铅笔画出十字坐标轴,然后对切45°角画出辅助线,并以坐标原点为圆心画出正圆。

（2）根据辅助线画出珍珠的刻面。

（3）而后用2B铅笔画出珍珠的明暗交界线。

（4）接着用灰色彩铅加深过渡,画出阴影效果。

（5）最后用金色的彩铅涂上一层过渡色,金色南洋珠的绘制就完成了。

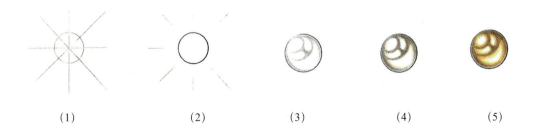

(1)　　　　　(2)　　　　　(3)　　　　　(4)　　　　　(5)

白、黄、黑3种颜色珍珠彩绘效果图赏析

珍珠着色效果图练习作品赏析

三、翡翠效果绘画技法

(1)首先在纸上画出十字坐标和椭圆,然后用灰色颜料画出明暗交界线。
(2)再用草绿色颜料涂上一层底色。
(3)接着把白色颜料调淡,在反光面和受光面涂上一层过渡色并晕色。
(4)进一步提亮反光面,最后在受光面点上高光,冰种的翡翠就画好了。

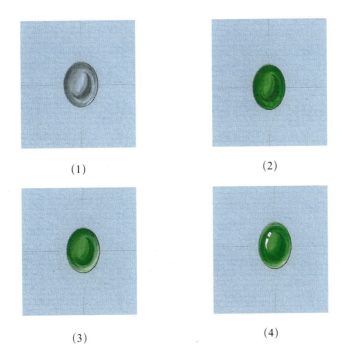

(1) (2)

(3) (4)

四、猫眼石效果绘画技法

(1)首先在纸上画出十字坐标和椭圆,然后用灰色颜料画出明暗交界线。
(2)再用深红色颜料涂上一层底色。
(3)在宝石中心稍偏处用细笔画上一条白色曲线。
(4)接着把星状线条勾画出来,添加宝石的反光面,提高宝石的光泽度。

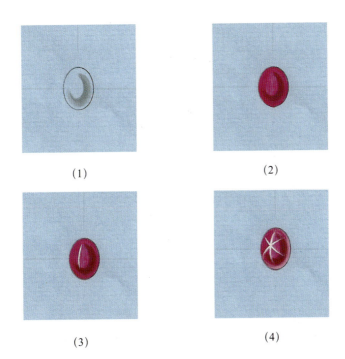

(1) (2)

(3) (4)

五、欧珀效果绘画技法

(1)首先在纸上画出十字坐标轴并画出椭圆,然后将红色、蓝色、黄色、绿色等颜料点画在椭圆中。

(2)再用土黄色颜料打上阴影效果。

(3)接着用粗毛笔为整颗宝石晕色。

(4)用中黄色颜料加深晕色以提高宝石色彩饱和度,最后用白色颜料画反光面并提高亮度。

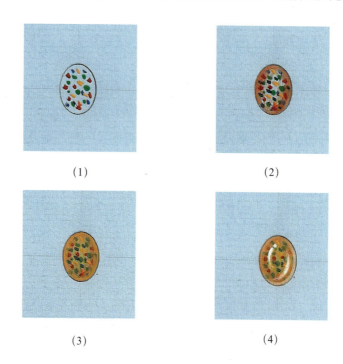

(1)　　　　　　　　(2)

(3)　　　　　　　　(4)

六、月光石效果绘画技法

(1)首先在纸上画出十字坐标和椭圆,然后用灰色颜料画出明暗交界线。

(2)再用白色颜料画一层底色。

(3)接着用白色颜料提亮宝石。

(4)最后用浅蓝色淡淡地打上一层过渡色,将月光石的透明光泽和蓝光效应展现出来。

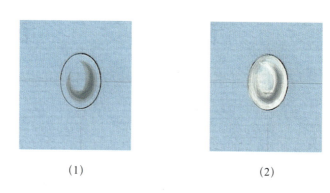

(1)　　　　　　　　(2)

(3)　　　　　　　　　　(4)

七、蓝宝石效果绘画技法

(1)首先在纸上画出十字坐标和椭圆以及宝石的刻面角,然后用灰色颜料画出明暗交界线。
(2)再用颜料打上一层底色。
(3)用细毛笔勾画出宝石刻面。
(4)接着用白色颜料把刻面提亮并画出反光效果。
(5)用细毛笔画出宝石刻面棱角。
(6)最后画出宝石尖底刻面,并为宝石增添光彩。

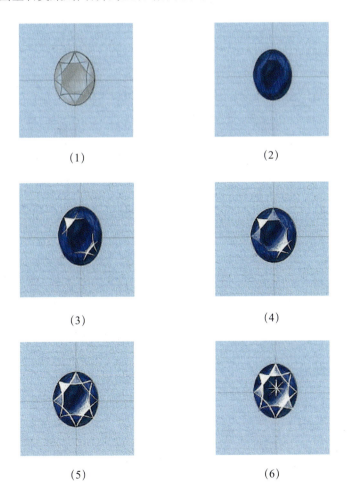

八、红宝石效果绘画技法

(1)首先在纸上画出十字坐标和椭圆以及宝石的刻面角,然后用灰色颜料画出明暗交界线。
(2)再用深红色颜料打上一层底色。
(3)用细毛笔勾画出宝石刻面。
(4)接着用白色颜料把刻面提亮并画出反光效果。
(5)用细毛笔画出宝石刻面棱角。
(6)最后画出宝石尖底刻面,并为宝石增添光彩。

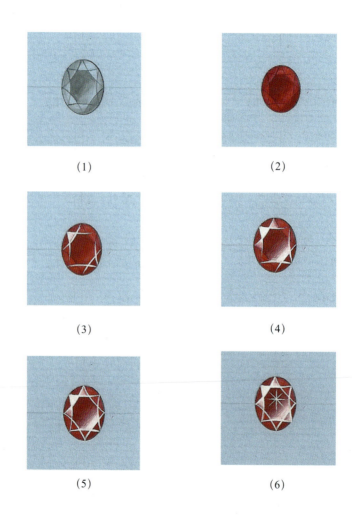

九、绿宝石效果绘画技法

(1)首先在纸上画出十字坐标和椭圆以及宝石的刻面角,然后用灰色颜料画出明暗交界线。
(2)再用深绿色颜料打上一层底色。
(3)用细毛笔勾画出宝石刻面。
(4)接着用白色颜料把刻面提亮并画出反光效果。

(5)用细毛笔画出宝石刻面棱角。
(6)最后画出宝石尖底刻面,并为宝石增添光彩。

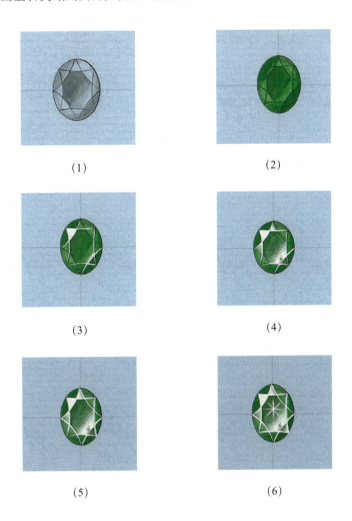

(1)　　　　　　　　(2)

(3)　　　　　　　　(4)

(5)　　　　　　　　(6)

十、黄宝石效果绘画技法

(1)首先在纸上画出十字坐标和椭圆以及宝石的刻面角,然后用灰色颜料画出明暗交界线。
(2)再用土黄色颜料打上一层底色。

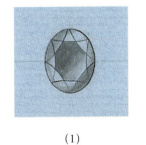　　

(1)　　　　　　　　(2)

(3)用细毛笔勾画出宝石刻面。
(4)接着用白色颜料把刻面提亮并画出反光效果。
(5)用细毛笔画出宝石刻面棱角。
(6)最后画出宝石尖底刻面,并为宝石增添光彩。

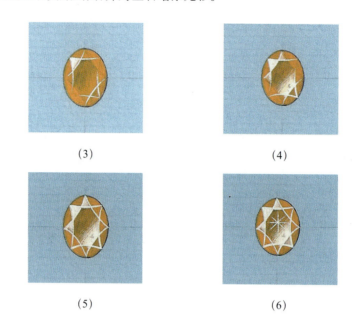

彩绘宝石作品赏析

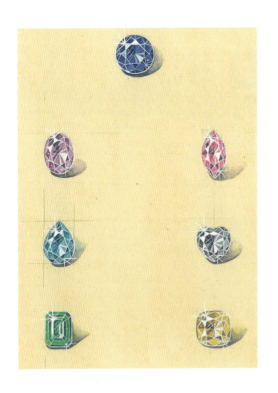

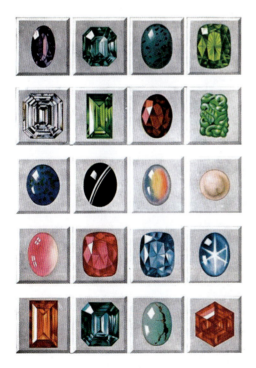

第一章 珠宝首饰设计基础

超写实水粉彩绘宝石作品赏析

第五节　绘制首饰三视图和立体图

三视图最早被应用于建筑制图和工业制图中,其目的是全方位地展示设计物体的形态,让施工人员能准确地理解设计师的意图,使设计方案和制作出的实物基本一致。学习绘制标准的首饰三视图是学习珠宝手绘设计必须掌握的技能之一,能锻炼设计师的立体构图思维。

一、三视图的构成

目前,首饰设计三视图常用的制图方式以电脑绘图和手绘为主,无论用哪一种方式来表现,都要遵循统一的标准。

1. 构图

构图是指将最能体现首饰特色与花纹的一面作为主视图,并将正视图与左视图放在主视图下面。

2. 比例

比例是指图样中的尺寸长度与实物实际尺寸按照1:1绘制三视图首饰。这样既便于看图纸与实物比例的大小,也便于估价和生产。

3. 绘图原则

绘图原则是长对正、高平齐、宽相等。主视图与正视图都体现了形体的长度,且该长度在竖直方向上是正的,即长对正;正视图与侧视图都体现了形体的高度,且该高度在水平方向上是平齐的,即高平齐;侧视图与主视图都体现了形体的高度,且同一形体的宽度是相等的,称宽相等。

二、女戒三视图的画法

下面介绍女戒三视图的绘画步骤。

(1)首先用直径为0.3mm的自动铅笔在纸上定位并构图,画出三维坐标轴。三维坐标轴是画三视图常用的坐标轴,主要是测量绘图的辅助线。然后大致勾勒出戒指三视图的轮廓(一定要注意戒指三视图的整体结构和透视关系)。

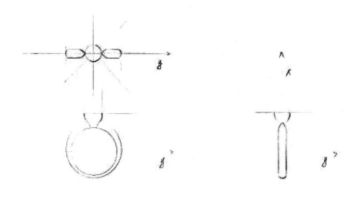

(2)勾勒好轮廓线之后,根据轮廓和辅助线画出爪形和镶口、戒臂和镶口之间的结构关系。

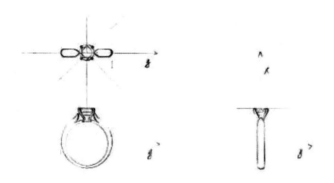

(3)等戒指的造型轮廓和镶口结构全部勾画清楚后,接下来就要细画钻石的切割刻面和金属面的明暗交界线。这一步骤可以用直径为0.3mm的HB硬铅笔芯来画,因为用硬铅笔芯可以把金属和钻石的切割刻面画得很有质感,而且线条干净、清晰。

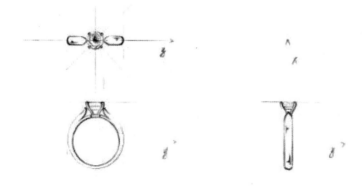

(4)等把戒指所有的造型结构和金属面的明暗交界线全部画好之后,用直径为0.1mm的针管笔勾线(一定要精确地把细节勾画清楚并使线条干净、清晰)。然后用可塑橡皮轻轻地擦拭掉铅笔痕迹,最后用灰色水性笔上色,画出金属面的阴影效果。这样整个戒指看起来更加立体、逼真、有质感。

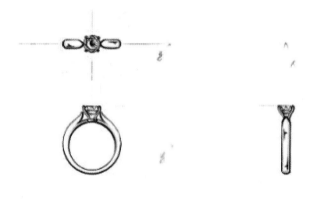

三、女戒立体图的画法

(1)首先用直径为0.3mm的自动铅笔在纸上定好位并构图,画出三维坐标轴。三维坐标轴也是画立体图常用的坐标轴,有助于测量绘画立体图的透视辅助线。一般我们会画45°戒指透视图,因为从这个角度绘出的戒指显得更加挺拔、立体。然后根据透视辅助线,用铅笔轻轻地勾出戒指的轮廓(画初稿时一定要注意戒指每个角度的透视关系,建议初学者多画些透视辅助线,这样能确保戒指不变形)。

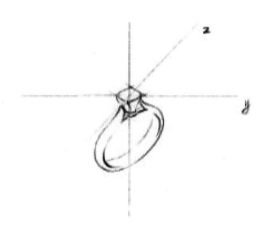

(2)将轮廓画好之后,根据透视辅助线绘制爪和戒臂的透视关系。这一步骤很关键,只有把戒指的透视关系画标准了,立体图才不会变形或扭曲。

(3)戒指的基本透视造型和细节透视画好之后就可以开始绘制宝石的切割刻面和金属面的明暗交界线。可以在戒臂之间画点淡淡的阴影效果。这一步骤同样建议用直径为0.3mm的HB硬铅笔芯来画。

(4)用铅笔画完全部的戒指透视图后就可以开始用针管笔勾线(一定要很精确地把细节勾画清楚,并使线条粗细有致,从而使戒指富有立体感)。接着用水性笔来表现戒指的阴影效果和金属质感。最后画出戒指的投影,这样整个戒指显得更加立体、逼真。

四、男戒三视图的画法

(1)首先用直径为0.3mm的自动铅笔在纸上定位并构图,画出三维坐标轴。构图完毕之后勾勒出戒指三视图的轮廓(一定要注意戒指三视图的整体结构和透视关系)。

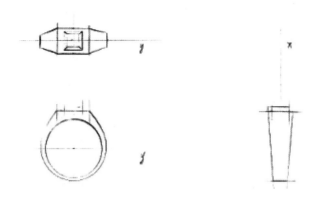

(2)勾勒好轮廓之后,根据大体轮廓和辅助线画出爪形和镶口、戒臂和镶口之间的结构关系。

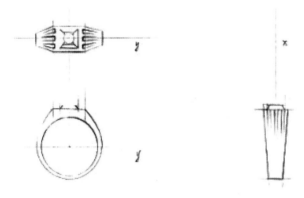

(3)将戒指的造型轮廓和镶口结构全部勾画清楚后,细画钻石的切割刻面和金属面的明暗交界线(同样用直径为0.3mm的HB硬铅笔芯来画)。

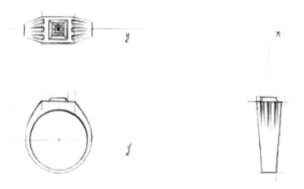

(4)用铅笔把戒指所有的造型结构和金属的明暗交界线画好之后,就开始用直径为0.1mm的针管笔勾线(要很精确地把细节勾画清楚,使线条干净、清晰)。然后用可塑橡皮轻轻地擦拭掉铅笔痕迹,擦完后用灰色的水性笔上色,画出金属面的阴影效果。这样整个戒指看起来显得更加立体、逼真、有质感。

五、男戒立体图的画法

（1）首先用直径为0.3mm的自动铅笔在纸上定位并构图,画出三维坐标轴,画出45°角的戒指透视图。然后根据透视线用铅笔轻轻地勾出戒指的轮廓(画初稿时一定要注意戒指每个角度的透视关系,建议初学者多画些透视辅助线,这样能确保戒指不变形)。

（2）将戒指轮廓画好之后,根据透视辅助线绘制爪的透视和戒臂的透视关系。这一步骤很关键,只有把戒指的透视关系画标准了,立体图才不会变形或扭曲。

（3）将戒指的基本透视造型和细节透视画好之后,开始绘制宝石的切割刻面和金属面的明暗交界线。可以在戒臂之间画点淡淡的阴影,表现出戒指的阴影效果。这一步骤同样建议用直径为0.3mm的HB硬铅笔芯来画。

（4）用铅笔画完全部的戒指透视图后,开始用针管笔勾线(一定要很精确地把细节勾画清楚并使线条粗细有致,使戒指显得有立体感)。接着用水性笔来表现戒指的阴影效果和金属质感。最后画出戒指的投影,这样整个戒指显得立体、逼真。

六、情侣戒立体图的画法

（1）首先用直径为0.3mm的自动铅笔在纸上定位并构图,画出三维坐标轴。一般,对于情侣戒指,要画立体效果图。然后根据透视辅助线用铅笔轻轻地勾出戒指的轮廓(画初稿时一定要注意戒指的透视关系,建议初学者要多画些辅助线,这样能确保戒指的透视不变形)。

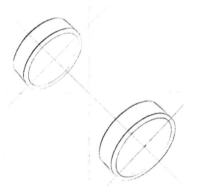

（2）戒指的轮廓成型之后,就开始勾画戒指的内部结构(注意细节的透视结构和主石的透视效果)。

(3)戒指的基本透视造型和细节透视画好之后,就开始用针管笔勾线(用笔要稳,尽量使线条一气呵成,这样画出的线条才会干净利落)。

(4)然后用黑色圆珠笔轻轻地画出金属面的明暗交界线并画出阴影效果。

(5)接着用黄色彩铅画出分色部分,用灰色水性笔表现戒指的阴影效果和金属感。最后画出戒指的投影,这样整个戒指显得更加立体、逼真。

七、克拉钻戒立体图绘画

（1）首先用0.3mm的自动铅笔在纸上定位、构图，画出X、Y、Z坐标轴。X、Y、Z坐标轴是画立体图常用的坐标轴，有助于测量立体图的透视辅助线。一般可先画45°的角度戒指透视图，因为这个角度绘制出的戒指更加挺拔立体。然后根据透视线用铅笔轻轻地勾勒出戒指的大体轮廓（画初稿时一定要注意戒指每个角度的透视关系，建议初学者在学习画立体图时要多画些辅助线，这样能确保戒指的透视不变形）。

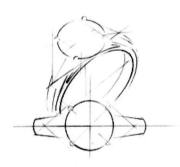

（2）大体轮廓画好之后，接着就是根据透视辅助线绘制爪的透视和戒臂的透视关系。这一步骤很关键，只有把戒指的透视关系画标准了，这样的立体图看起来才不会变形或扭曲。

（3）戒指的基本透视造型和细节透视画好之后，检查准确无误后就可以开始绘制宝石的切割刻面和金属面的明暗交界线。戒臂之间可以淡淡地画点阴影效果。这个步骤建议用0.3mm的HB硬铅笔芯绘画，因为用硬铅可以更好地突出金属质感，使钻石的切割刻面刻画得更有质感，而且线条干净、清晰。

(4)用铅笔画完全部的戒指透视图后,可开始用针管笔勾线。用针管笔时一定要准确地把细节勾画清楚,保证线条粗细有致,使得戒指更有立体感。接着用水性笔来绘出戒指的阴影效果和金属质感。最后画出戒指的投影,这样使得整个戒指更加立体、逼真。

标准手绘首饰三视图、立体图作品赏析

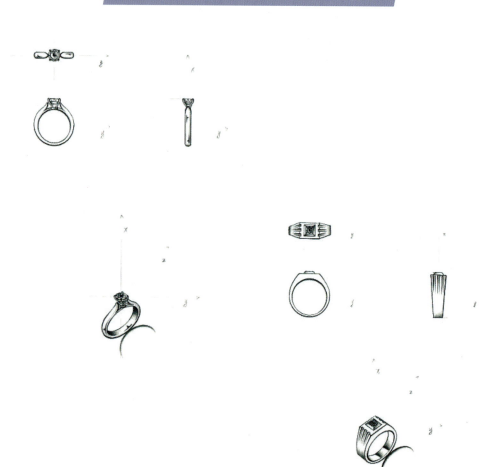

宝石透视及各种镶口造型设计手稿赏析

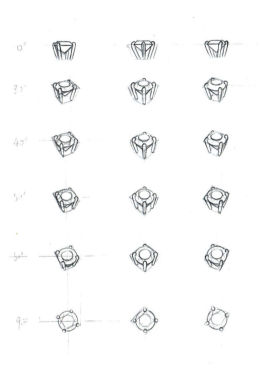

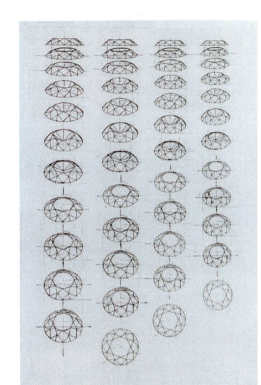

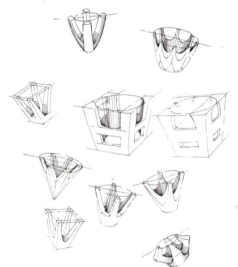

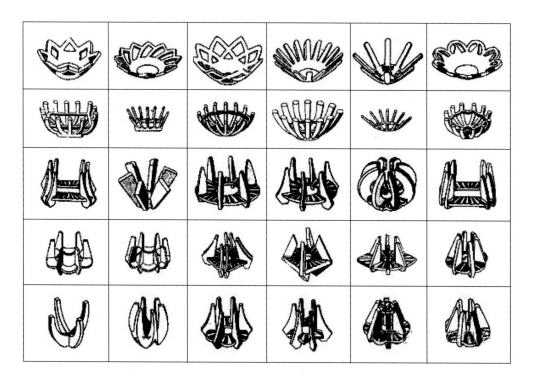
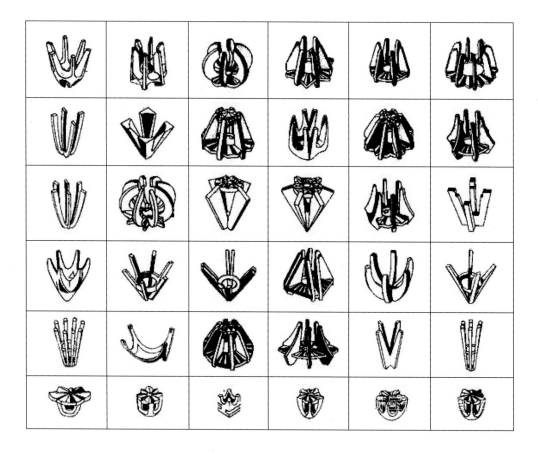

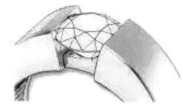 

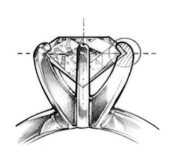 

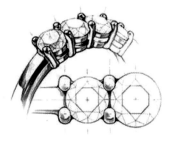

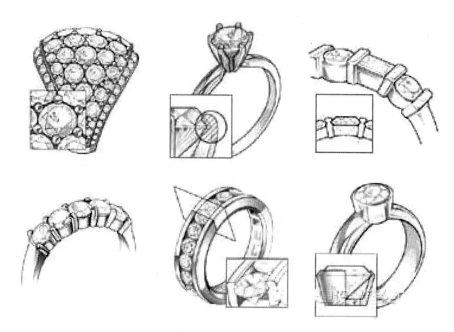

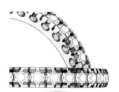

戒指设计图稿赏析

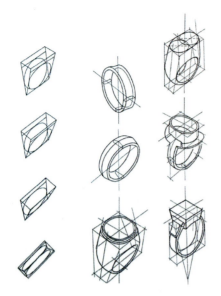

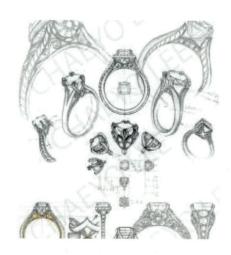

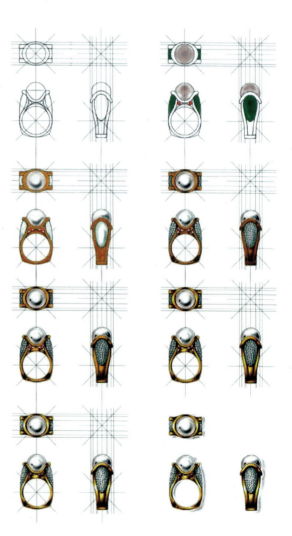

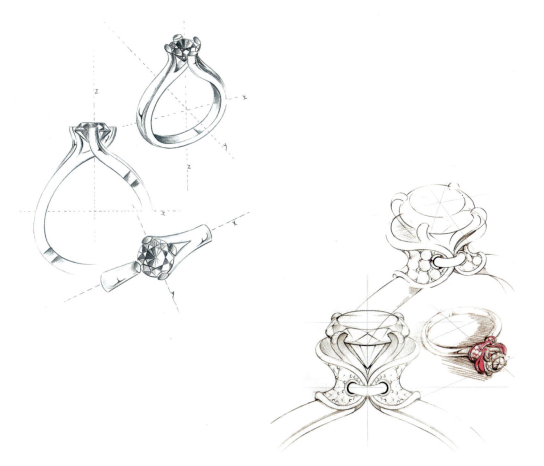

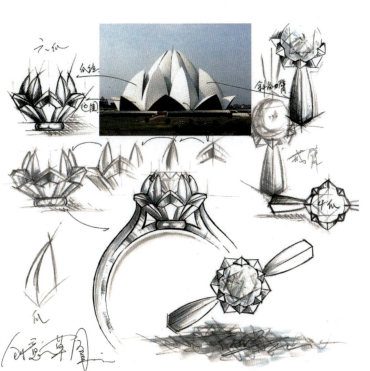

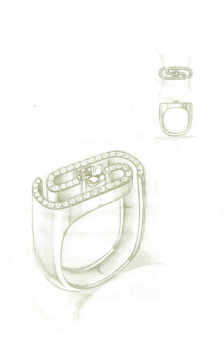

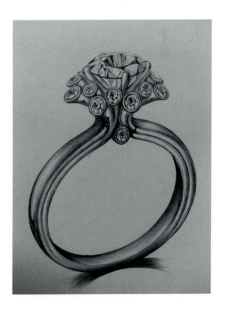

精细化手绘设计施工技术图赏析

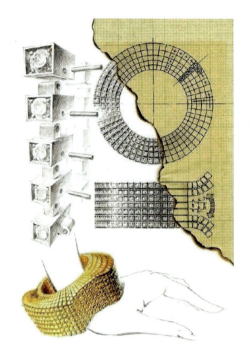
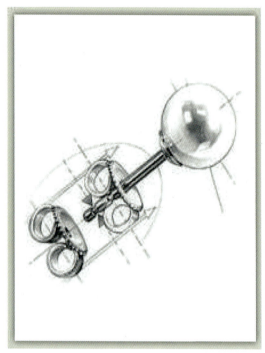
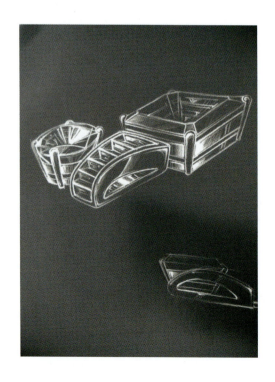

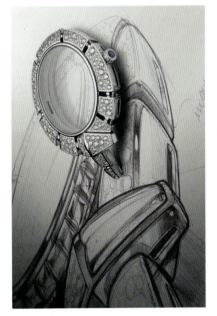
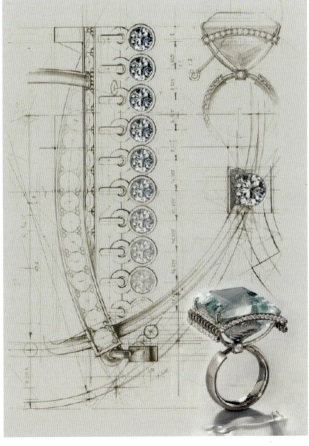

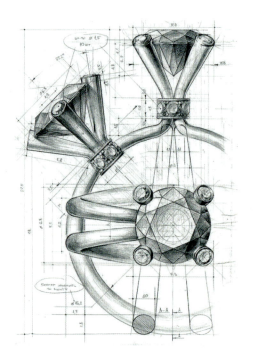
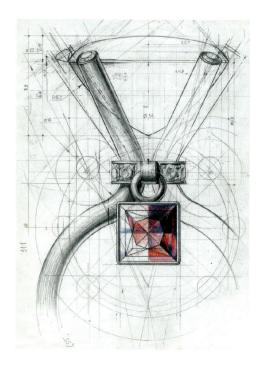
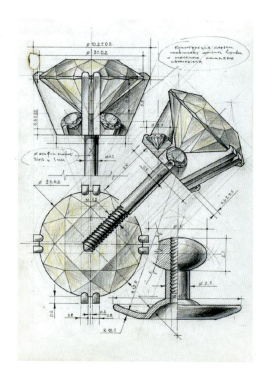
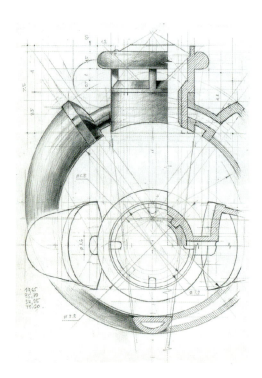

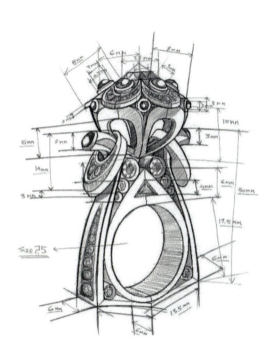

第六节 水粉绘画技法流程

水粉绘画技法是以水调和含胶粉质颜料来表现色彩的一种方法。它吸取了水彩画法的优点,既透彻、明快,又抽象、细腻。

水粉绘图需要的工具有水粉颜料、彩铅、黑色硬卡纸、绘画铅笔、小毛笔和勾线笔等。

一、水粉绘画技法流程

(1)先用绘图铅笔在黑色硬卡纸上构图,勾勒出首饰图的大体轮廓。

（2）再用勾线毛笔蘸着调好的半透明状白色颜料沿着已勾好的首饰轮廓上第一次底色。记得第一次上色要薄而清透（注意赋予其恰当的明暗虚实关系），因为这样便于后面的层层深入着色。另外，首饰的高光处和反光处也可适当留白以便于后面上色。

（3）然后有秩序地、渐进地加深色彩。加强首饰明暗虚实的效果，并对细节进行处理（如钻石的透视效果表现手法）。

（4）接着用比较细的勾线笔着重勾画细节部位（如首饰图的明暗关系和钻石的透视效果）。首饰整体虚实相间，具有立体感。

(5)仔细检查细节的处理效果,也可将作品放在远处,看整体效果。如果自己感觉满意,就给钻石的高光地方添加星光效应,这需要把颜料适当地调浓点在高光处,让作品更加生动且充满灵性。最后,画出首饰的投影。这样整件作品完成。

二、高级珠宝水粉绘画技法流程

(1)先用绘图铅笔在硬卡纸上大致勾勒出首饰图的大体轮廓,让人们能清晰地看出首饰的造型。

(2)用勾线毛笔调好半透明状黄褐色颜料,沿着已勾好的首饰大体轮廓上第一次底色。第一次上色要薄而清透,赋予恰当的明暗虚实关系,便于后面的层层深入着色。首饰的高光处和反光处可适当留白已便后面上色。

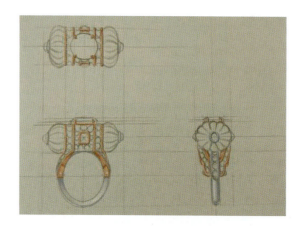

(3)循序渐进地加深色彩。加强首饰明暗虚实的立体造型,适当添加细节的处理,如钻石的透视和表现手法,此时首饰的大体轮廓已经基本成形。

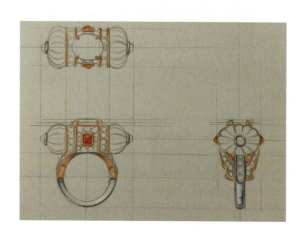

(4)给主石和副石上底色,打上底色后把宝石的刻面用线条描述清楚,便于后期上色加工处理,主石的宝石切面能清晰地看出大致效果。

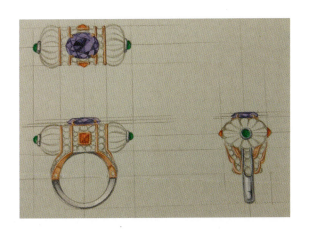

(5)给戒指两边的绿松石上底色,便于后期实现宝石阴影效果并体现立体感。

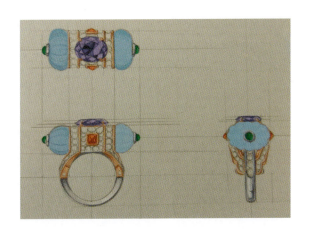

(6)用比较细的勾线笔着重勾画细节部位。如首饰的明暗关系、钻石的透视效果和首饰整体的虚实感觉,使作品看起来有立体感。

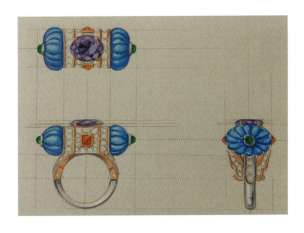

（7）等全部细节勾画后。先仔细检查细节的处理效果，可放远处观察整体的立体感觉。如果感觉很满意，就可以把颜料适当调浓，然后给钻石的高光地方点星光效应，使作品更加生动且充满灵性。最后画出戒指宝石的高光部分，使整件作品更加逼真、立体。

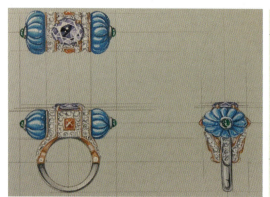
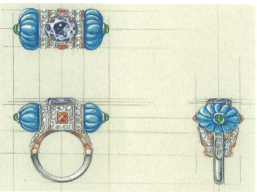

高级珠宝水粉效果图赏析

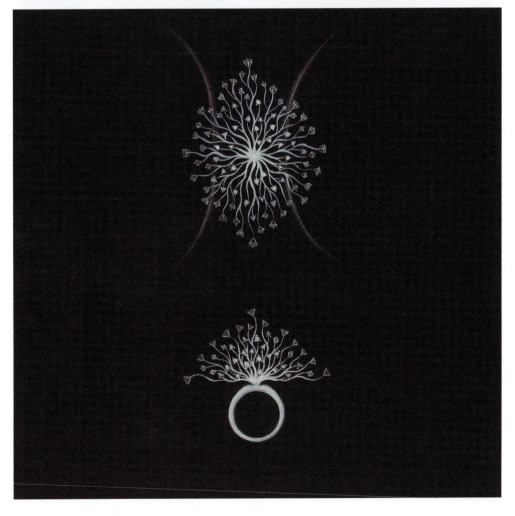

第一章 珠宝首饰设计基础

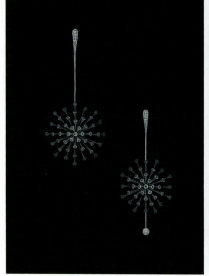
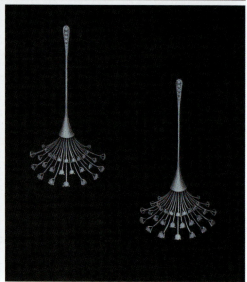

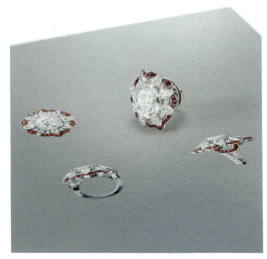

第二章 珠宝电绘设计

第一节　JewelryCAD 电脑绘图软件简介

一、JewelryCAD 软件简介

JewelryCAD 是珠宝首饰设计的专业软件，使用 JewelryCAD 软件制图能极大地提高设计质量，提高设计图的逼真效果，真实地模拟款式的最终效果，直观地表达设计师的创意。

二、JewelryCAD 电脑绘图软件的优点

JewelryCAD 的优点既表现在设计性上，又表现在工艺性上。就设计来说，电脑设计可以获得直观的三维效果图，设计师可以随时用三维效果图来检验其创意是否能达到自己满意的效果。同时，电脑可以反复撤销或者重复操作，设计师若对当前的造型不满意，可撤销操作进行修改，直到得到满意的造型为止，这一点是传统的手绘设计所无法比拟的。作为商业首饰来说，不可能每一件都是单独的款式，大多数都是某个款式的变款。设计师也可以将自己设计好的作品存放到电脑的数据库中，通过不同造型元素、镶口的重新搭配组合，即可获得新的款式，大大加快了产品的开发流程。

就工艺来说，电脑设计的优势主要体现在以下几个方面。

（1）精确性。虽然有经验的起版师傅可以尽可能地制作出与设计尺寸大小一致的原模，但其精确程度却远远比不上电脑。做一款密钉镶戒指，如果由手工起银版或者蜡版，即使是高水平的起版师傅，也要耗费大量的时间，而且难以保证戒指两边对称以及所有钉的尺寸大小一致。而电脑设计则不需要这么麻烦，只需要做好一个钉，然后对这个钉进行不断地复制即可，设计完成后可用快速成型设备制作出首饰的原模，免去手工起版的麻烦。

特别是在槽镶、隐藏式镶嵌工艺中,宝石一般很小,且宝石之间的尺寸也有严格控制,有的只有在放大镜下才可以看见宝石之间的界限,这就更需要严格控制好尺寸大小。

(2)高度对称性。对称是首饰造型的常见表现手法之一,在首饰CAD制作中,对称的实现只需要通过一次对称复制操作即可完成。

(3)快捷性。电脑设计的作品可直接利用快速成型机加工出首饰的原版,可以是蜡版或者树脂版,常见的快速成型设备有美国Solidscape公司的T66系列喷蜡机、德国EnvisionTEC公司快速成型机以及日本名工激光自动成型机等。快速成型设备制作出的原版精度高、光洁度好,特别是在微镶、密钉镶、槽镶以及对称性要求高的工艺中,快速成型设备更能体现出其独特的优势,代替了以往的手工雕蜡版,大大节省了时间和成本。

(4)经济性。利用电脑设计首饰,可以赋予其不同的宝石和金属的材质,达到与真实产品一致的三维效果图,也可以通过在CAD软件中计算用金的重量、测量宝石的大小、预估产品的工本费,从而可以快速地对产品成本进行预算。在产品开发的前期,企业无需先制作出产品的实物,可用三维效果图进行产品的宣传推广。

三、JewelryCAD在三维建模方面的应用及优势

三维成型技术已经逐步成熟并应用于设计及首版制作中。它的普及推动了生产模式的改变。它将虚拟电脑世界里令人心醉神迷的概念设计变为了现实。快速成型法给制造业带来了一种变革,即产品的生产数量不再受实际产品生产成本的影响。此法还可以实现产品形状的随意化与自由化,为大规模量身定制生产提供了可能。

 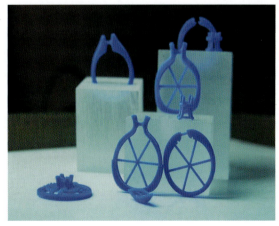

目前快速成型的主要方法有激光固化成型(SLA)、选择性激光烧结成型(SLS)、激光层压成型(LOM)、融积成型(FDM)。目前市场上常用的DigitalWax029型激光快速造型机,采用精密的扫描技术,保证造型成像精密准确,力求达到完美及高质的效果。BluEdge激光光源能发挥更佳的能量效应,使造型速度加倍,缩短造型的所需时间。

JewelryCAD在三维建模方面具有以下优势:

(1)具有非常简单的图解用户界面和直觉功能,可运用富于类似电影播放的帮助学习的各种不同技巧和方法去建模。

(2)灵活和高级的建模功能可快捷地创造和修改曲线\曲面,强大而简单的建模功能可应用于更复杂的设计。

(3)具有特设的专门功能去设计项链和手链,能对扭曲曲面和石头的位置进行精准排列。

(4)具有应用于自由状态曲面的简单而高效的功能来进行布尔运算。

(5)自定的设计库能提升设计效率,特别是在一些系列化的产品设计中,设定标准的设计元素或零部件能提高产品视觉的一致性。一旦产生新的设计灵感就能方便地提取零件或组成新的设计作品。

(6)具有各种材质的重量计算功能,可对钻石大小进行精准预设。

(7)使成本的预算更精准。

第二节　Matrix 电脑绘图软件介绍

一、软件入门

(一)软件简介

Gemvision Matrix 8.0是一款强大的珠宝设计建模软件,以犀牛软件(Rhino)为构架基础,在参数化控制、修改、编辑、估价、效果渲染以及综合能力方面有着比较大的优势,是珠宝设计师的第一选择。

(二)软件特点

(1)可快速学习并且使用方便。

(2)具有非常简单的图解用户界面和F6智能工具栏功能,插件结构清晰,可运用各种不同的技巧和方法去建模。

(3)拥有灵活、高级的建模功能,可创造和修改曲线、曲面,强大的建模功能可应用于更复杂的设计。

(4)具有设计项链的特别功能,可对扭曲曲面和排布石头进行设置。

(5)具有应用于自由状态曲面的简单而高效的功能来进行布尔运算。

(6)固定的设计库能加快设计的速度,如宝石资料库、零件库、用户库。

(7)可呈现完整的设计方案,效果逼真,可快速输出高品质的彩图和排版,并展示动画模型。

(8)允许三维视图处理模型,在CNC加工中输出标准的GM编码和STL数据,输出标准的无缝合线的STL和SLC数据,能快速形成模型。

(9)在设计中能计算金重、石重,能快速预估产品价格。

(三)软件界面

(1)标题栏:文件名称、路径信息。

(2)菜单栏:分为图标历史、主菜单、显示、格、信息与设置、图层和项目7个分选栏,主要为绘图工具和绘图辅助功能。

(3)物件属性:①可用于观察当前选取物件的类型、名称、图层、材质等属性;②可用于改变当前显示模式的细节设定;③"帮助"菜单,可描述工具的用法。

(4)指令栏:①对于当前操作要求的说明;②对于过往操作的指令化描述。

(5)视图窗口:绘制物件和图形调整的主要操作视窗。

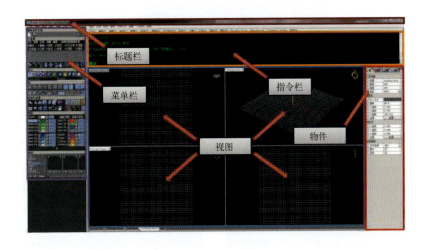

(四)基础操作

1. 视图操作

Lookling Down(后文称顶视图)、Through Finger(后文称正视图)、Side View(后文称侧视图)为3个正交视角视图,在操作视窗内任意位置按住鼠标右键拖动即可平移视窗。在Perspective(后文称透视图)中,在操作视窗内任意位置按住鼠标右键拖动即可以视觉中心点旋转视窗,按住"shift"键的同时按住鼠标右键拖动即可平移视窗。

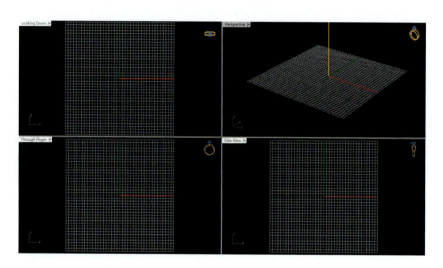

2. 选取物件

(1)点选。将鼠标指针放置到物件上,单击左键,当物件边缘轮廓线呈高亮状态时,即为选中状态。

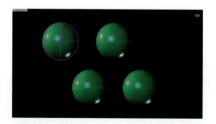

(2)框选。按住鼠标左键,从左往右框选,出现实线选择框,当实线选择框中的物件边缘轮廓线呈高亮状态时,即为选中状态。

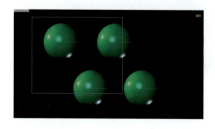 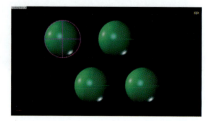

按住鼠标左键,从右往左框选,出现虚线选择框,当虚线框中的物件边缘轮廓线呈高亮状态时,即为选中状态。

(3)加选和减选。当已有选中物件时,按住"shift"键再次点选或者框选,则可以选择更多的物件;当已有选中物件时,按住"ctrl"键点选或者框选选中的部分或者全部物件,可以退掉选择的物件。

3. 可见模式

当已有选中物件时,点击菜单栏"图层"分选栏的隐藏按键。

选中的物件即可隐藏,点击隐藏旁的"显示"按键可以显示出所有的已经隐藏的物件。

4. 显示模式

（1）在菜单栏中上部分的"显示"栏右侧，点击最右侧的按键可以切换线框模式和着色模式。

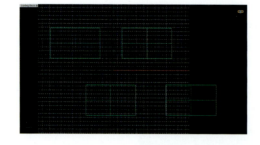 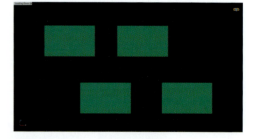

（2）点击对应的显示模式球，可以切换多种不同的着色显示模式。

Machine 和 Ghosted 模式如下所示。

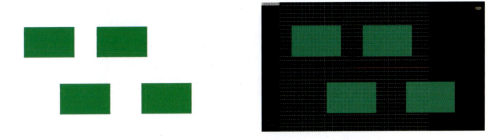

5. 图层

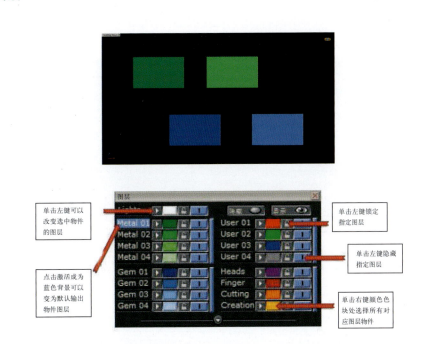

6. 基本绘制（直线、曲线、圆、矩形、立方体、球体）

1）曲线工具

（1）多重直线。选择工具后，用左键点击视图窗口处即可绘制多重直线，绘制完成后点击鼠标右键，完成绘制。

(2)控制点曲线。选择工具后,用左键点击视图窗口处即可绘制曲线,绘制完成后点击鼠标右键,完成绘制。

(3)圆。选择工具后,用左键点击先选定圆心,再次用左键点击选定圆上的点,或者输入半径或直径,完成绘制。

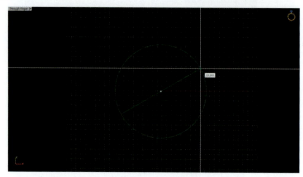

(4)矩形。选择工具后,用左键点击先选定的矩形的一个对角,再次用左键点击矩形的另一个对角,或者输入矩形的长、宽尺寸,完成绘制。

2)实体工具

(1)立方体。选择工具后,用左键点击先选定的立方体的一个对角,然后用左键点击立方体的另一个对角,再用左键点击立方体的第三个对角,或者输入立方体的长、宽、高尺寸,完成绘制。

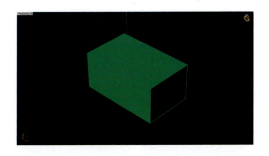

(2) 球体。选择工具后,用左键点击先选定的球心,再次用左键点击选择球面上的点,或者输入半径或直径,完成绘制。

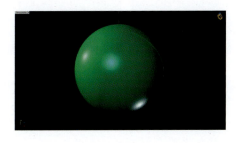

7. 基本编辑

(1) 复制。单击工具"复制",跟随指令栏要求进行操作,选择复制的物件后点击鼠标右键确定,单击任意位置确定复制的起点,移动鼠标放置物件到需要复制的位置后左键单击确定位置,复制完成后点击鼠标右键确定。

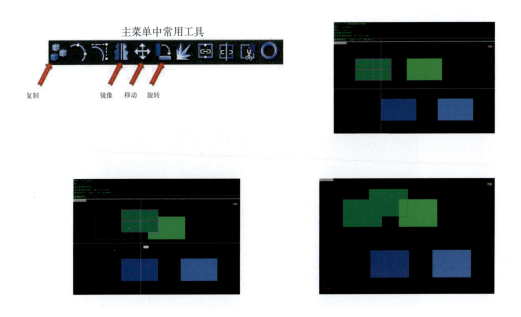

(2)![]镜像。单击工具"镜像",跟随指令栏要求进行操作;选择镜像的物件后点击鼠标右键确定。用左键单击镜像对称的起点位置,再用左键单击镜像对称的终点,选定物件以镜像线镜像出一个新的物件。

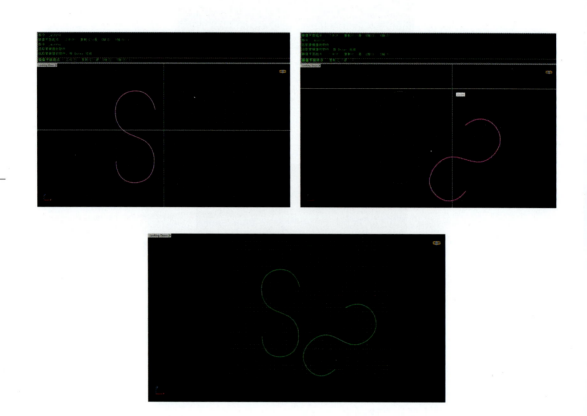

(3)![]移动。单击工具"移动",跟随指令栏要求进行操作;选择移动的物件后点击鼠标右键确定。左键单击移动的起点位置。移动鼠标放置物件到需要移动的位置后左键单击确定位置,复制完成后点击鼠标右键确定。

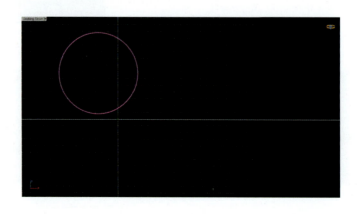

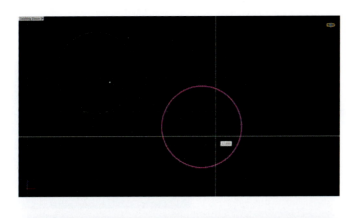

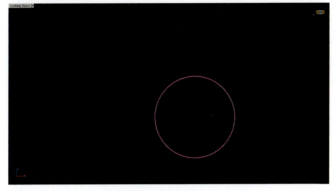

二、女戒建模

1. 手寸线和外围线

(1)在主菜单中常用工具中打开手寸线,点击尺寸类型"USA"。

(2)在自定义手寸中更改为毫米、直径,最后点击设置区域后的应用绿色箭头。

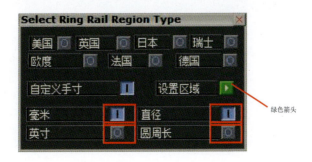

（3）在手寸工具中输入手寸大小16.2mm，最后点击设置区域后的应用绿色箭头，生成16.2mm的手寸线。

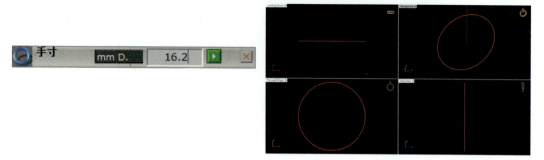

2. 切面工具简介

（1）选中手寸线，然后点击滚轮键或者键盘F6键，弹出智能工具栏。

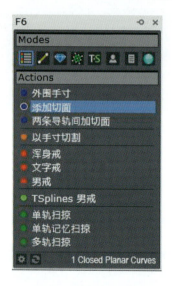

（2）选择"添加切面"工具。

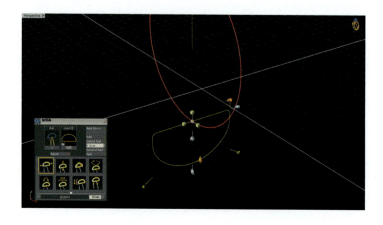

(3)将戒臂切面自动放置于手寸线上,并弹出切面工具栏。

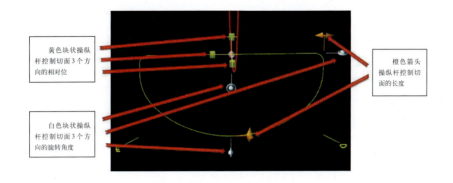

(4)调整切面的厚度和宽度分别为1.3mm、2.5mm,最后点击鼠标右键确定切面。

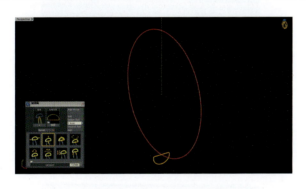

3. 生成戒臂

点击曲面工具中单轨扫掠选项,根据指令栏提示选取路径(连锁边缘(C)),点选手寸线为轨道,再根据指令栏提示选取断面曲线(点(P)),点选切面线为断面曲线,点击右键确定接缝点,再次点击右键确定单轨扫掠选项,生成戒臂。

4. 宝石库

点击宝石工具中的宝石资料库。

(1)选择钻石切割类型中的圆形,导入5mm×5mm的石头。

(2)通过移动工具将宝石放到手寸以上0.8mm处。

5. 爪镶

(1)选中宝石,然后点击滚轮键或者键盘F6键,弹出智能工具栏,选择爪镶生成器。

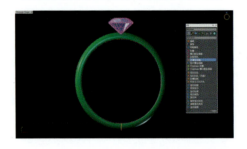

(2)爪直径调整为1.0mm,爪高度略高于宝石台面,咬石直径调整为0.2mm,爪底部深度平齐于手寸,收底角度为5%～7.5%。

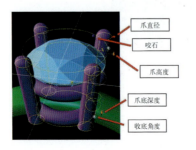

6. 打孔器

(1)选中宝石,然后点击滚轮键或者键盘F6键,弹出智能工具栏,选择宝石石孔。

(2)在打孔器后点击确定的绿色箭头,然后点击右键确定。

(3)选中戒臂,选择实体工具中的差集,再根据指令栏选择橙色打孔器物件,然后右键确定布尔操作。

(4)布尔差集操作完成后,完成戒指的制作。

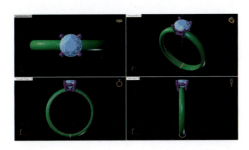

7. 建模成品案例

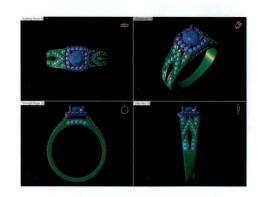

单头侧通花女戒（一）

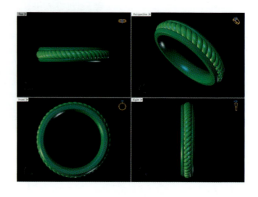

绳纹女戒

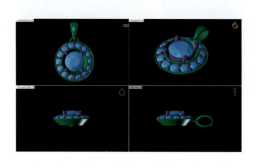

单头侧通花女戒（二）

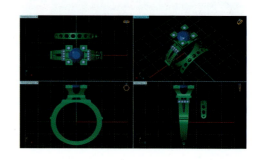

IDO香榭之吻定制案例

三、渲染练习

1. 渲染插件V-Ray简介

V-Ray是由Chaos Group和ASGVIS公司出品，由中国上海曼恒数字技术有限公司负责推广的一款渲染软件。V-Ray拥有非常强大的功能，包括真实的3D Motion Blur(三维运动模糊)、Micro Triangle Displacement(级细三角面置换)、Caustic(焦散)、通过V-Ray材质的调节完成Sub-sufacescattering(次表面散射)的sss效果和Network Distributed Rendering(网络分布式渲染)等。

V-Ray for Matrix将V-Ray渲染引擎集成到Matrix8.0。渲染器集成了珠宝渲染所需的绝大部分的材质和珠宝效果以及还原度较高的几款环境，允许用户在任何技能水平下都能创造出惊人的、逼真的珠宝渲染图像，同时也可以利用复杂的参数影响景深、焦散线和特殊的镜头效果等。

2. 材质赋予

（1）打开渲染工具中的"V-Ray渲染"。

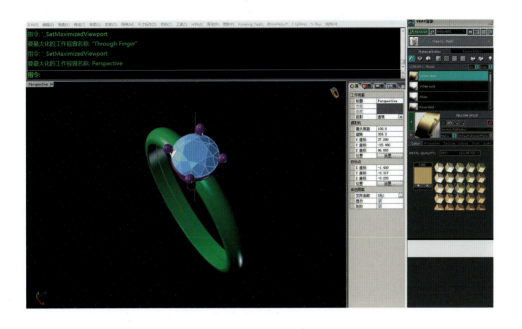

（2）选择模型中所有的金属物件后，通过渲染插件栏找到需要的金属材质后点击"应用"赋予物件材质。

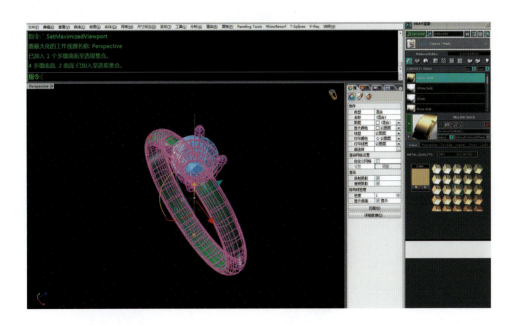

（3）同样的操作，选择模型中的宝石物件后，通过金属材质旁边的宝石材质栏找到需要的宝石材质后点击"应用"赋予物件材质。

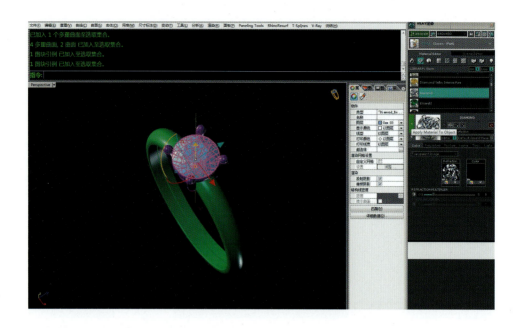

(4)切换至渲染显示模式,预览效果。

3. 添加地面与地面材质赋予

(1)在渲染工具栏中点击"创造地面",生成地面物件。

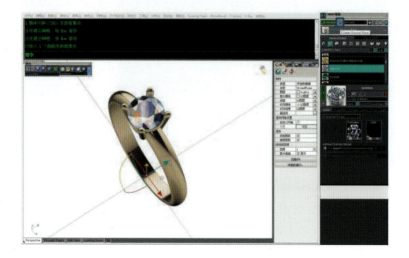

(2)选择地面物件,通过地面填色材质栏找到需要的地面材质后点击"应用"赋予地面材质。

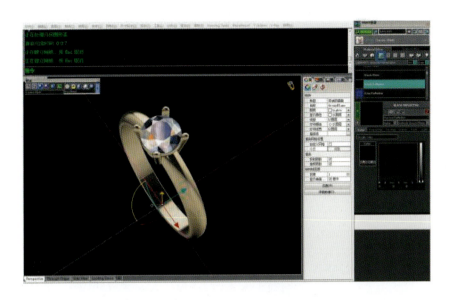

4. 渲染道具库

(1)打开渲染工具中的"道具库",选择布捻道具。

(2)调整戒指的相对位置放置到展示道具上。

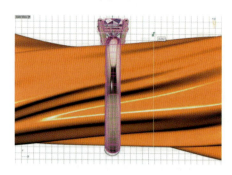

(3)选择布捻道具,通过织物材质栏找到需要的布料材质,选择"应用"赋予布捻材质。

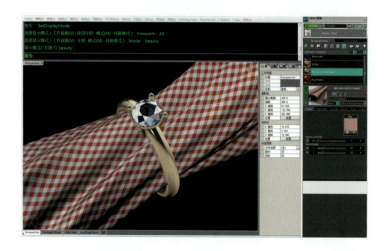

5. 渲染出图

(1)调整图片分辨率并调整透视图至理想角度,然后点击"渲染"。

(2)完成渲染。

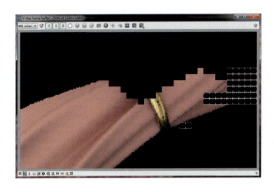

3D设计建模渲染作品赏析

第三节　Idesign 电脑绘图软件

一、Idesign 软件介绍

Idesign 是一个连接珠宝设计、零售/定制店展厅和专业工厂的 3D 云计算平台，拥有自主知识产权、全球领先的珠宝视觉技术、前所未有的极致体验、崭新的 3D 珠宝共享流程。

Idesign 可一键导入 3D 模型，轻而易举地制作优秀的珠宝小视频。Idesign 软件拥有人人都用得起的商业级图像，通过 Idesign 每家实体店都能展示 3D 珠宝，每个人都能拥有自己的 Idesign 微信小程序，可将高清图像直达客户手机。

Idesign
为珠宝而生　为设计而来

二、Idesign 典型应用场景

任何人都可以作为供方或需方，出售和购买展示权。

三、电脑硬件与系统要求

（1）硬件配置：建议独立显卡 Nvidia GTX750（或同级别）以上。性能稍低的显卡虽能够运行，不会对电脑造成任何损害，但可能会造成 3D 显示不流畅。

（2）系统要求：Microsoft Windows 64 位（32 位近期推出）。

（3）网络要求：需要联通互联网，有线宽带、Wi-Fi 或 4G 网络均可。

	用户类型	应用场景
1	设计/起版师	上传款式 版权声明 成生图像 出售展示权
2	网商/微商	找款 购买展示权 转发客户 下单定制
3	零售/定制店/展厅	实体店 3D 展示 购买展示权 转发客户 下单定制
4	工厂/定制工作室	上传款式 生成图像 转发客户 承接定制
5	教育&培训	上传款式 版权声明 生成图像 分享交流

四、JCD 转 FBX 格式文件的步骤和主要问题应对

导入 Idesign 用的是 FBX 格式的三维文件数据。如果是直接用 Rhino 做成的款式模型，保存为 FBX 格式，就可以直接导入 Idesign，不用作特殊处理。而珠宝设计常用的 JCD 文件，则必须经由 Rhino 转成 FBX 文件，才能导入 Idesign。

1. 总体步骤

(1) 在 JCAD 中将模型文件另存为 IGS 格式。
(2) 在 Rhino 中导入 IGS 的款式文件，对模型进行修补直至合格，并保存为 FBX 格式文件。
(3) 将文件导入 Idesign 中进行渲染。

2. 整体步骤

(1) 在 JCAD 中导出 IGS 格式模型（导出的是金属部分，宝石部分无法一同导出）。
(2) 将 IGS 格式模型导入 Rhino。
(3) 使用"startIRT"一键修复工具进行补面修复。
(4) 在 JCAD 中导出 STL 格式宝石（宝石部分需要在 JCAD 中隐藏金属后，单独导出）。
(5) 将 STL 格式宝石导入 Rhino。
(6) 布尔差集计算（宝石无需进行修复，直接与修复好的金属进行布尔差集运算）。
(7) 转换网格面。
(8) 摆位置。
(9) 导出 FBX 格式模型。

IGS、STL格式的款式文件在导入Rhino时，往往会产生破面等损坏情况，需要在Rhino中对模型进行修补，直至合格。

3. Rhino的修补内容及修补工具

(1)当封闭循环曲面有外露边缘时，用 "衔接曲面"工具。

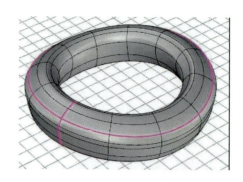

(2)对不封闭的面，用 "嵌面"工具。

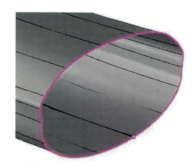

(3)锐利边缘，用 "移除一个控制点"工具。

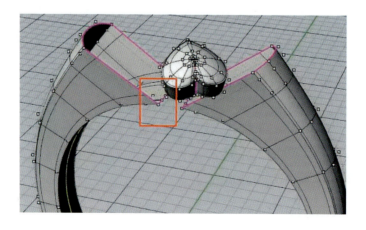

(4)当镶爪或物体上出现黑点时,用 "以结构线分割曲面"工具。

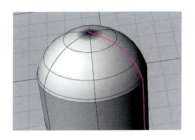

4. 模型存在问题

在完成修补,保存FBX格式的三维文件前,应检查如下问题。

(1)用 工具检查补面是否有遗漏。

(2)对比JCD检查"布尔"是否正确(也就是造型是否正确)。

(3)导入宝石后,宝石法线是否反转(宝石呈透明状)。

(4)用 检查网格面数,当宝石网格面大于1500时,会被识别为金属;当金属网格面小于1500时,会被识别为宝石。

5. 有问题的模型在导入Idesign时会出现的情况及应对方法

(1)宝石被识别为金属。这是因为当宝石的网格面数大于1500时,需要对宝石进行减面处理,最终将宝石的网格面保持在1500以内。

方法1:在Rhino中用 "缩减网格面数"工具。

方法2:手动将宝石加入宝石图层。

(2)金属被识别为宝石。一般这种情况都是镶爪,因为镶爪没有与金属"布尔"在一起。

方法1:在Idesign中手动加入到金属图层。

方法2:在Rhino中将镶爪与金属 "组合"/ "布尔"在一起。

(3)宝石附上材质后颜色比正常颜色暗淡。这是因为宝石的法线反了,需要在Rhino中将宝石法线反转,用 "反转方向"工具。

(4)导入Idesign后,加载时间过长。这是模型本身网格数过大造成的,要在Rhino中进行减面,用 "缩减网格面数"工具。

(5)模型渲染视频后,不是自身转,而是绕着圈转。这是因为模型在Rhino中未放在中心点上,可在Rhino中调整模型位置,放在中心点后再导出。

此外,渲染最好是用实物模型,而非生产模型。因为生产模型留有加工余量,跟实物之间的形状区别很大。生产模型转为实物模型时,需要进行铲边、起钉、倒角、打孔、弯钉、开镶口等修正。

6. 导出JewelryCAD-IGS模型至Rhino进行修复

JewelryCAD模型,经常需要导出到其他三维软件中进行渲染或动画处理,但JewelryCAD导出模型时,通常会有很多缺陷,需要对它进行修复才能正常使用。

JewelryCAD 能输出 DXF、OBJ、IGS、STL、SLC 等通用格式。为什么要输出 IGS 到 Rhino 呢？因为 IGS 是一种 Nurbs 曲面格式，能在 Rhino 中进行高效编辑，如果输出成其他格式，模型就会转化为 Mesh 网格结构，大大降低编辑效率。模型越复杂，效率差距越大。

JewelryCAD 输出 IGS 时，有很多曲面会产生错误，因此，需要进行修复。方法步骤如下。

（1）将 JewelryCAD 模型输出为 IGS 格式的文件并导入 Rhino。

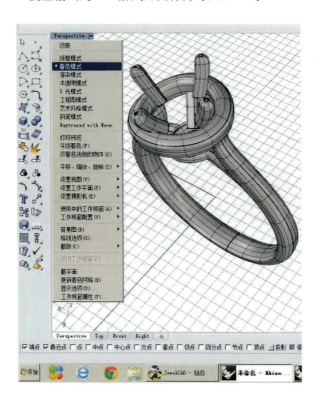

（2）进入透视视窗，调整为"着色模式工作视窗"，以便更清晰地显示结构。

（3）模型全选，点击"显示边缘"工具，选择"外露边缘"。

(4)对于封闭循环曲面有外露边缘(补面),可进行如下操作。

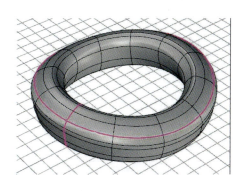

a.左键单击"衔接曲面"。

b.点中所要修补的外露边缘(左键、右键、左键、右键的顺序),进行如下所示操作。

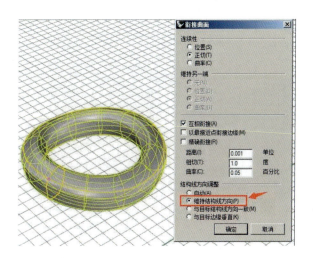

(5)对于不封闭的面(补面),可采取如下操作。

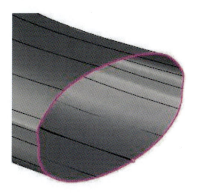

a.左键单击"嵌面"。

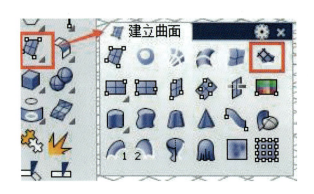

b.点中所要修补的面,进行操作(图中框选部分视实际情况可适当调整数值,以进行更好的修补;必须勾选"自动修剪")。

c.补面后将所补的面与物体"组合"在一起,选中补的面与物体,按"shift"键相连(确保组合在一起的面是一个封闭的物体)。

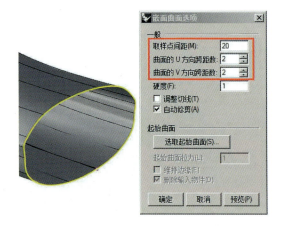

(6)锐利边缘的处理方式,可按"F10"键打开模型的控制点,边缘常有多个控制点重合,使用"增加或移除控制点"工具,右键移除边缘多余的控制点,使得边缘圆润(当出现布尔运算失败时,可查询一下是否存在锐边)。

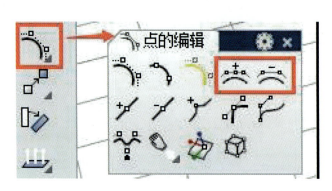

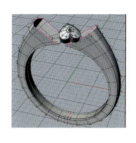 

(7)当镶爪上或物体上出现黑点时,可先补面再去除黑色阴影。当模型镶爪或局部出现黑色阴影部分时,有两种方法去除。

方法1:先右键单击"移除一个控制点",然后左键单击阴影点,再点击"将平面洞加盖"来进行补面。

方法2：先右键单击"以结构线分割曲面"，然后将阴影部分框选出适当的大小(尽量小)，删除后再进行补面。

 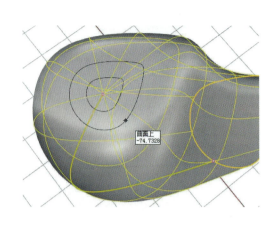

(8)布尔运算。

a.布尔运算差集：宝石打孔后要做出宝石槽，然后用布尔运算差集选中金属减掉宝石所打出的孔，即宝石卡槽。

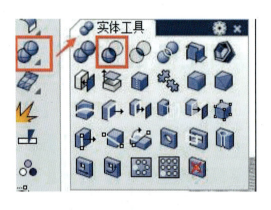 

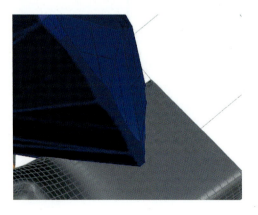 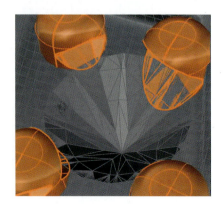

b.布尔运算联集：在导出模型之前，需将相同金属的材质进行布尔运算联集，以利于方便操作。

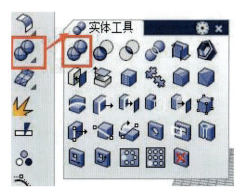

(9)镜像。当出现左右或上下对称的物体时可使用镜像，会更快捷方便。做好一半物体后，全选，选择镜像平面起点，再选择镜像平面终点即可。

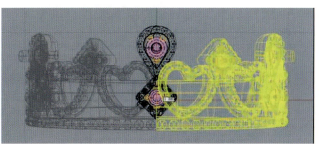

(10)环形阵列。当物体出现多个有规律的配石时可使用"环形阵列"工具，更加快捷。做好一个配石时要围一圈，点选配石，以中心点为圆心，输入相应的配石数量和旋转度数。

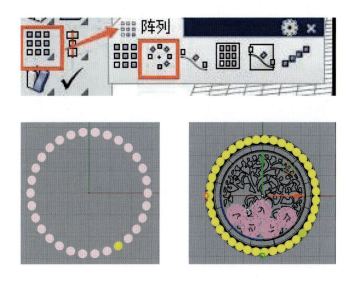

(11)宝石的安放。可在CAD软件中选取宝石,导出STL格式,再导入到Rhino端。

(12)若模型需要铲边,可自行建模。

五、戒指、吊坠、手链和耳饰的定位和姿态

1. 戒指

姿态:花头(或主石台面)向上(Rhino默认Z轴为正方向)。

定位:戒圈圆心定位在原点上。

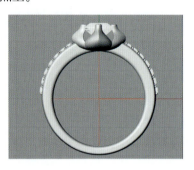

2. 吊坠

姿态:主石台面向前(Rhino默认Y轴为负方向)。

定位:瓜子扣定位在原点上,方便后续的穿链操作。

3. 手链

姿态:轴向沿Rhino默认Z轴为正轴方向,搭扣落在Y轴正方向。

定位:轴心定位在原点上。

手链生成方法如下。

(1)手链的摆放要围一圈,要用到"沿着曲线流动"工具(重心点在原点上)。

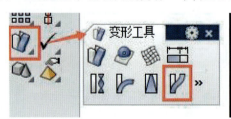

(2)直线尺寸标注出手链的周长。

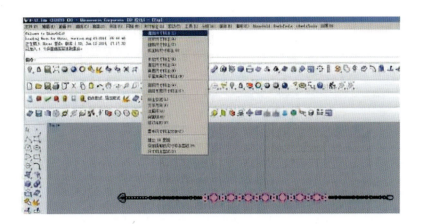

(3)沿原点画圆(圆的周长与手链的长度一致)。

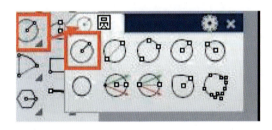

(4)在手链的中间画一条同等长度的直线。

(5)使用沿着"曲线流动"工具,点选手链,再点选基准曲线的端点处,最后点选目标曲线的端点处即可。

4. 耳饰

姿态：成对的耳饰，主石台面向前（Rhino默认Y为轴负方向），在front视图中，左、右耳饰分别距离Y轴2mm。

定位：左、右耳饰相对Y轴对称。

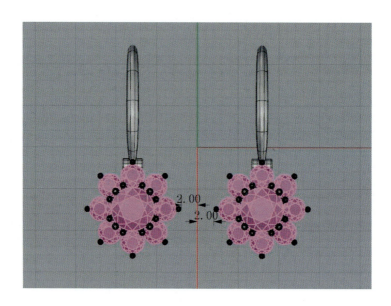

JewelryCAD通常用来做版，绝大部分模型与最终珠宝款式有较大的差别，如果想渲染最终效果，一定要把它处理成视觉模型（展示用模型），做好开石位、镶钉、铲边等处理工作，调整好3D模型的原始定位、姿态和多款式间距，这样才能更快、更方便地使用其他三维软件进行处理，渲染出真实的珠宝图像。

六、导入3D模型

导入3D模型是制作小视频、高清静帧和开放展示权的前置工作，也是Idesign的核心功能之一。

1. 重要说明

（1）STL导入：支持Binary（二进制）。

（2）FBX导入：暂不支持四边面，请在其他软件中转换为三角面。

（3）如果当前场景中已经显示了一个3D模型，再次导入其他模型时，当前模型会被替换。

（4）模型较大（尤其是宝石数量较多）时，导入时间会增加。

（5）JewelryCAD导出模型时，通常会有很多缺陷。建议使用Rhino软件进行修复和完善。JewelryCAD通常用来做版，绝大部分模型与最终珠宝款式有较大的差别，如果导入Idesign渲染最终效果，一定要把它处理成视觉模型（展示用模型），做好开石位、镶钉、铲边等处理工作，调整好3D模型的原始定位、姿态和多款式间距。

2. 导入流程

(1)导入3D模型从主页的"导入我的设计"进入。

(2)面板右侧上方即可导入模型。Idesign支持两种导入格式。

(3)单击FBX(或STL)按钮,弹出文件选择对话框,选择相应文件,单击"打开"。

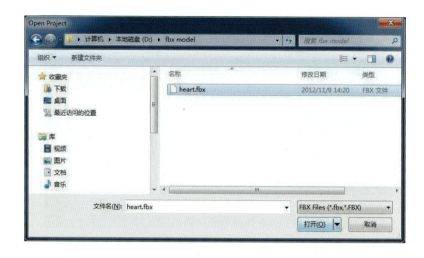

(4)等待加载。

(5)导入完成。

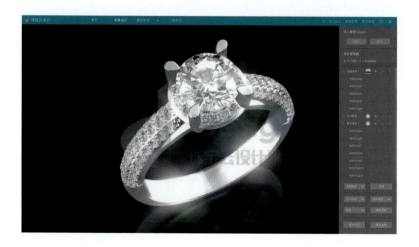

七、渲染出图

渲染出图是 Idesign 的重要功能，它把上传的 3D 模型和材质渲染出来，并输出静帧或小视频到专属的微信小程序上。也就是说，渲染完成后，手机小程序马上就能看到这些图像。

(1) 输出类型：①图像（静帧）；②视频（10s）。
(2) 图像尺寸：①1920×1080(16:9)；②1280×720(16:9)；③1024×768(4:3)；④800×600(4:3)。
(3) 输出静帧时，可选：①单张；②套图（供电商使用的多角度图片）。
(4) 输出视频时（目前只支持 10s/800×600px），可选：①速度优先，渲染时间 10～70s/段；②质量优先，渲染时间 8～10min/段。电脑性能是影响渲染速度的主要因素。
(5) 图像背景颜色：①黑背景；②白背景（电商风格）。
(6) 资源文件夹：单击可查看渲染好的文件。

(7) 设置好参数后，单击开始渲染即可。
注意：渲染前可调整物体大小和视角，达到要求后再开始渲染。

Idesign 渲染的静帧图像

八、编辑物体和材质

Idesign 为 3D 物体赋予材质,是在物体管理器中完成的。

1. 导入 3D 模型后的物体管理器

Idesign 导入 3D 模型后,会把不同的金属类、宝石类物体分置于不同的图层。宝石默认设置为钻石材质,金属默认设置为铂 18K 材质,也可以手动将它添加到其他图层(赋予其他材质)。

2. 选中物体的方法

(1)在场景中单击物体。

(2)在物体管理器单击物体名称。

(3)快捷键:增选(Shift+鼠标左键)、减选(Ctrl+鼠标左键)。

3. 对图层中物体赋予不同的材质

当想为宝石图层中的某些物体赋予另外一种宝石材质,或想为金属图层中的某些物体赋予另外一种金属材质(双色款式)时,则需要先将它添加到其他图层中,再赋予希望的材质。

4. 物体管理器中的图标

物体管理器图标说明	
宝石材质	宝石材质:单击后弹出宝石材质选择面板;
18K	金属材质:单击后弹出金属材质选择面板;
+	添加物体:将选中物体添加(移动)到本图层;
×	删除新建图层:内有物体时,先移走物体才能删除。默认图层不允许删除。

5. 创建新图层

当默认图层不够用时,可创建新图层。当新图层下没有物体时,可以被删除(默认图层不能被删除)。

6. 材质选择面板

(1)单击宝石材质图标,弹出宝石材质选择面板。

(2)单击下拉框,显示宝石材质,选择切换即可。

(3)单击金属材质图标,弹出金属材质选择面板,选择切换即可。

7. 编辑款式分类

分配好材质后,保存设计前,需要对该款式进行分类标注,以便系统将它显示到合适的位置。

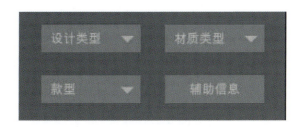

8. 保存设计

完成全部工作后,点击"保存设计";接着就可以进入渲染静帧和制作小视频流程。

单击"保存"按钮后,场景内出现绿色取景框,这是为款式拍摄缩略图的图像渲染区。可以在这里缩放和旋转3D款式,选择合适的物体大小和视角,然后单击"确定",保存设计。

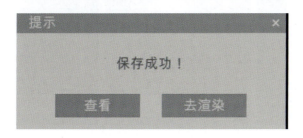

Idesign软件渲染效果图赏析

第四节　3D设计及3D打印技术在珠宝行业的应用

一、3D打印技术

3D打印技术,即快速成型技术的一种,它是一种以数字模型文件为基础,运用粉末状金属或塑料等可黏合材料,通过逐层打印的方式来构造物体的技术,也称为增材制造。3D打印通常是采用数字技术材料打印机来实现制造的,常在模具制造、工业设计等领域被用于制造模型,后逐渐用于一些产品的直接制造。

3D首饰打印机目前有两种:3D首饰喷蜡打印机和3D首饰金属打印机。

(1)3D首饰喷蜡打印机。虽然3D首饰喷蜡打印机在20世纪90年代初已经存在,但是因为当时3D打印机及耗材昂贵,以及打印材料性能差,在珠宝首饰这一领域一直没有大的发展,而随着此项技术的不断发展,已广泛使用3D喷蜡打印机及耗材。

(2)3D首饰金属打印机。虽然3D首饰金属打印机技术已成熟,但是由于3D金属打印机价格昂贵,特别是珠宝首饰行业对3D首饰金属打印机要求精度高,所以制造价格将更加昂贵,加之黄金等贵金属粉末加工费高、打印过程损耗大等诸多因素,导致目前没有运用到珠宝首饰行业生产当中。

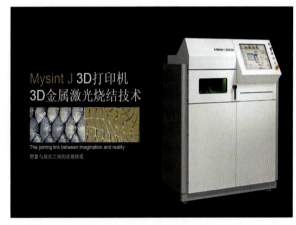

3D首饰喷蜡打印机　　　　　　　　　　3D首饰金属打印机

二、3D首饰数字技术概述

3D打印技术在珠宝首饰行业中又称为"3D首饰数字打印技术",它分为两个方面:3D首饰数据模型设计和3D首饰打印技术。简单来说,就是把制作好的3D首饰数字模型文件导入3D首饰打印机。3D首饰打印机与电脑连接后,通过电脑控制,对3D首饰模型数据进行分析分层,分层之后,3D首饰打印机利用加热装置,把粉末状金属或蜡经过高温熔化成液体,通过打印头挤出，挤出后遇冷迅速凝结固化，通过逐层叠加的方式来构造首饰，最终把计算机上的数据模型变成实物。3D首饰数字技术的特点是即使很复杂的首饰都可以神奇地制造出来，所以它是一种实实在在重要的制造技术。

三、3D首饰数字打印技术在珠宝首饰行业中运用的优势

1. 数字设计3D起版

珠宝首饰行业传统的手工起版，需要经过锯、锉、打磨抛光等复杂工序，用手工加工模型蜡或者银、铜等非贵重金属，从而得到一件原始实物模型。目前，工匠师傅制作一件普通款式的戒指、吊坠的蜡版需要一天的时间，复杂的款式则耗时更长，有的一周都未必能做出一个，还有一些很有创意的款式，按照传统手工制作方式是无法完成的。3D首饰数字打印技术则有效地解决了传统首饰起版加工工艺复杂、制造周期长等问题，只需要珠宝设计师或首饰数字技术建模师，用电脑绘制3D首饰设计图稿，再将3D首饰图稿数据模型文件输入3D喷蜡打印机或者其他材料打印机，即可进行自动化生产，从而得到原始的起版模型，省去人工起版的环节。运用3D首饰数字打印技术时可在电脑3D文件中自由更改镶嵌首饰的镶口大小，从而免去了以往不同大小镶口需要重新起版的麻烦。原则上，采用3D首饰数字打印技术，同款镶嵌戒指可以镶嵌任何大小的钻石或彩宝，只需在电脑设计图中调整镶口的数据即可。这样计算，一款首饰的电脑设计图至少相当于10多个样版。

2. 自控生产缩短周期

设计师可在下班前将设计好的数据模型文件图纸导入3D喷蜡打印机，第二天上班后，一个个首饰蜡模就全部呈现在工作平台上了。打印机可自行运行，无需人工值守，一晚上就能打印上百个小尺寸蜡模。3D喷蜡打印过程中，无需人工操作，便可完成复杂的成型过程，不仅提高了首饰模型制造效率，同时缩短了工艺制作周期。

3. 数字控制精致准确

由于珠宝首饰都有一定的厚度，手工起版时，工匠师傅需要借助内卡尺，人工测量首饰各个地方的厚度是否一致，但人工毕竟没有电脑精细，很难做到厚度一致，而3D喷蜡打印机可以精确到0.016mm。

4. 专属定制性价比高

3D喷蜡打印技术的出现，改写了传统珠宝首饰业只有大规模生产才能降低成本的现状。通过少量的甚至单件首饰生产就能以批量的价格获得高质量的定制产品，并且满足市场对个性化产品的需求，还能解决常规技术不能实现的产品制作。

四、3D首饰数字打印技术在珠宝设计定制中的应用

随着人们生活水平的提高和审美的提升，大家都喜欢追求个性化定制服务，如服装、鞋业、家装等各个行业都已经有个性定制的服务。这几年珠宝个性定制的需求越来越多，客户都想根据个人的喜爱和需求设计定制专属于自己的首饰，所以个性定制首饰是未来的趋势，很多独立设计师也开始纷纷自己创立设计工作室为更多消费者提供个性定制的服务。个性

定制除了有好的概念和设计之外,工艺也是非常重要的环节。因为设计师只有非常了解材质、工艺、市场,才能把消费者的想法融入设计和工艺中,创造出一件独一无二的商业首饰。接下来就和大家一起共同了解钻石戒指的3D打印生产工艺流程。

1. **确定客户需求**

珠宝设计师与客户进行交流,了解客户的需求后,绘制首饰手绘图稿。后期,设计团队会以此为蓝本不断地细化并调整。

2. **扫描宝石**

对于宝石定制的客户,要先进行宝石扫描,以获取宝石精确的尺寸、刻面分布和3D结构数据。设计师在CAD起版阶段可以方便地调用该模型,进行排石定位和虚拟装配等设计。

(1)扫描宝石。

(2)准备对宝石进行3D测量。

(3)获取规格数据。

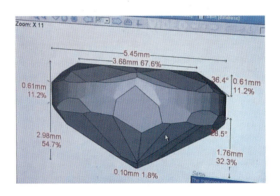

(4)生成3D宝石几何体。

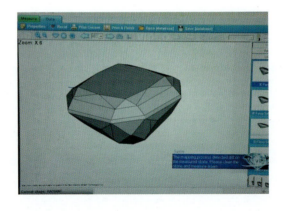

3. 利用CAD进行起版设计

我们可以采取造型设计、快速排石等操作,利用预置的参数化模块,快速生成镶口、宝石、戒圈或标准件,大大提高设计效率和精度。

(1)3D电脑绘图。

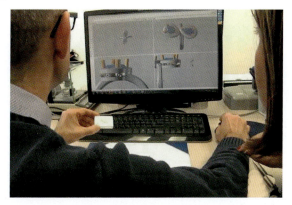

(2)定位宝石,生成镶口和镶爪。

4. 制作蜡版

将CAD珠宝设计完成的3D模型输出到3D打印机中,可快速精准地打印出蜡版。

（1）使用喷蜡机制作3D成型的蜡版。

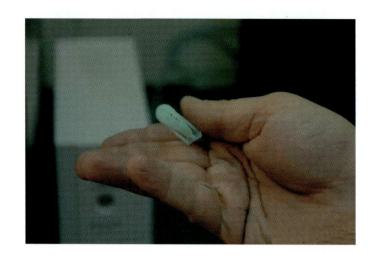

（2）一次成型多个客户的蜡版。

5. 铸造

使用失蜡铸造法（也称精密铸造）制作铸件。

(1)倒模。

(2)烘焙石膏模。

(3)种蜡树。

(4)剪下首饰铸件。

(5)铸件与最终产品。

6. 执模

执模的主要工序包括修饰、修补工件缺陷，对工件进行整形、焊接，初步打磨铸件表面，装配珠宝配件等。即准备好需要的铸件，对结合部进行修整、打磨、组装和焊接。

7. 镶嵌

完成执模工作后便可进入镶嵌流程。镶嵌主要是指将主石、配石固定在各自的镶口上，这是一个非常重要的精密工序。如下图所示为微镶环节。

8. 抛光和表面处理

镶嵌工作完成后，进入抛光工序，确保金属表面光亮如镜。最后使用激光打标设备在指定位置进行刻字工序。

(1) 抛光。

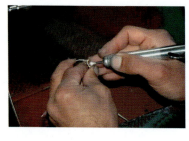

(2) 电镀。

(3) 电镀后的首饰。

9. 质量检验

质量检验是指检查每个镶爪和镶口的工艺质量并对外观、结构、表面进行最后的检查。

设计团队不光要对最终成品进行质量检验,更需要对珠宝制造的每个阶段进行质量控制,这对一个完美的设计是绝对必要的。

3D打印首饰的新概念设计作品赏析

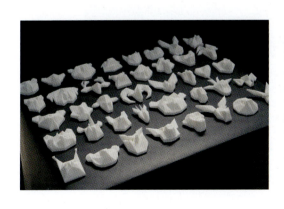

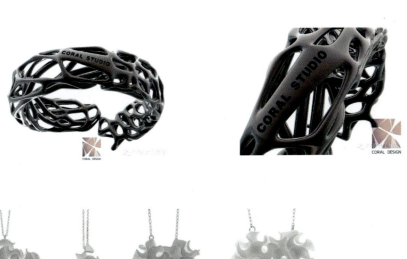

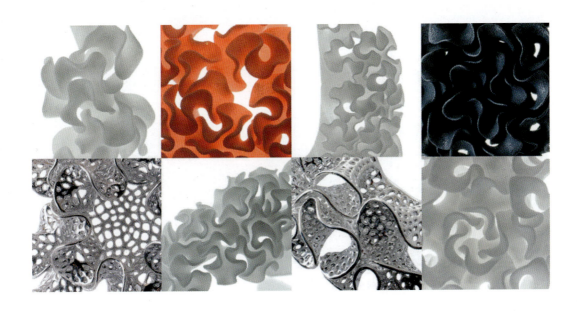

109

第二章 珠宝电绘设计

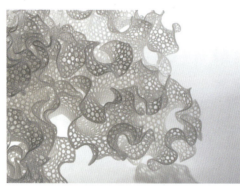
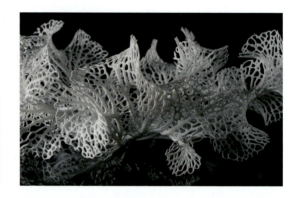
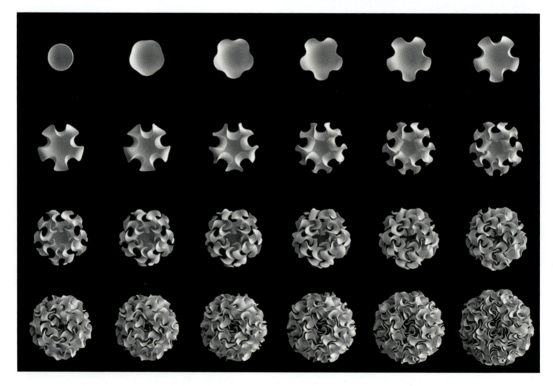

意大利A'Design Award大赛全球顶尖3D打印作品赏析

诗谱·Skreep纸团荣获
2015年A'Design Award意大利设计大赛金奖

金色　　　　　白金色　　　　　玫瑰金色　　　　　银色

意大利A'Design Award大赛金奖作品
全球顶尖3D打印工艺

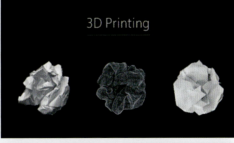

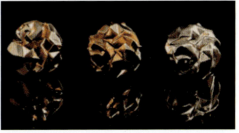

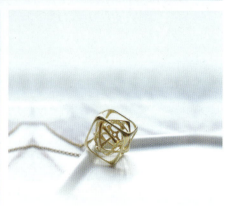

113

第二章 珠宝电绘设计

Torque·动
3D打印汽车模型
荣获2017 A'Design Award 金奖

Voxel·静
3D打印汽车模型
荣获2017 A'Design Award 银奖

第二章 珠宝电绘设计

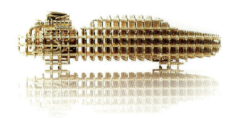

（温馨提示：以上部分手绘、电绘作品由潘焱设计工作室团队的刘超敏、张天一、彭文竹等共同创作和整理编排）

第三章 商业首饰设计流程及设计案例解析

第一节　商业首饰设计概述

一、何为商业首饰

顾名思义：商业首饰就是可以自由流通的、具有商业价值和用途的首饰。现在国内的商业珠宝首饰品种繁多，款式多样，以黄金、钻石、珍珠、红（蓝）宝石、翡翠、和田玉等为主要材质。这些可以在市场上流通和销售的统称为商业首饰。

二、商业首饰设计的步骤

1. 市场调查

市场调查是企业取得良好经济效益的重要保证，是营销决策的重要依据。没有调查就没有发言权。市场调查是市场预测过程中必不可少的一部分，是企业经营决策的前提。通过市场调查，可以发现一些新的市场机会和需求，并开发新的产品去满足这些需求；可以发现企业现有产品的不足及经营中的缺点，及时加以纠正，使企业在竞争中立于不败之地；可以及时掌握竞争对手的动态，掌握企业产品在市场所占份额大小，针对竞争对手的策略，对自己的工作进行调整和改进，做到知己知彼、百战不殆；可以了解整个经济环境对企业发展的影响，了解国家的政策、法规变化，预测未来市场可能发生的不利情况，及时地采取应变措施，减少企业的损失。

2. 确定设计主题

商业首饰设计具有非常明确的指向性。确定设计主题，是进行商业首饰设计的第一步。简单地说，知道为谁设计，才能知道怎样设计。这个对象可以是某个人，可以是某一类人，可以是某一件事，也可以是某个季节，或者某个环境。总之，明确了主题，才能有针对性地设计，所以在策划产品之前进行用户市场调查是非常必要的。

3. 进行目标人群定位

不同的人群有不同的消费习惯，进行目标人群定位，对于商业设计来说非常重要。准确的定位分析，直接影响到销售业绩。例如在我国，具有独立消费能力的年轻消费者（18～25岁）比较倾向于选择样式大胆、理念新颖、具有其他国家和民族风格的首饰。这类首饰的特点在于镶嵌的不是高端宝石，而是单纯的金属材料，易于做造型变化。或者是采用廉价材料，例如银、塑料、木材、织物、半宝石等，总体价格较为低廉。这一年龄群为了造型需要，往往购买多款首饰。青年消费者（25～35岁）则开始关注高档首饰，为了职业场合的需要，此年龄段的消费者会购买数量不多的贵金属首饰或中高端宝石首饰。由于选择谨慎，此类消费者对于首饰设计形态的要求也较高。同时，随着此类消费者的受教育程度普遍提升，对于首饰美感的诉求也增强。与年轻消费者不同的是，他们对于首饰的形态要求往往是高雅，造型简单。另外，符合适婚年龄的青年消费者在婚戒市场的占有率是最大的，此时，婚戒设计的不断推陈出新对于首饰营销的作用巨大。中老年消费者(35岁以上)对于首饰款式的设计往往没有追求时尚的要求,而是注重贵金属和高级珠宝玉石的储值作用,并具有投资的购买目的。其中富有中国特色的是,多数中老年消费者都对于翡翠玉石情有独钟。在首饰设计形态上,此类消费者的审美需求比较传统,对于外部文化和潮流的接受程度非常有限,眼光偏中式。但由于此年龄层的消费者资金积累较为雄厚,购买能力强,他们也成为了高端珠宝玉石的主要消费群体。

从以上的分类可以看出,不同年龄阶段的消费者对于首饰设计形态的需求是截然不同的,可见精准地定位消费人群非常必要。除了按照年龄段进行划分,还有按照收入人群、城市级别、受教育程度等划分,需要根据不同的商业需求进行准确的定位。

4. 确定设计创作的元素

制定出目标人群后,就要针对其喜好进行市场调查,从而确定设计创作的元素。相对艺术首饰天马行空的设计灵感而言,商业首饰的设计元素是受到局限的,即要遵循规则。但并不能说商业首饰的设计就一定是刻板和墨守成规的,在既定的规则中进行自由发挥,更加需要设计师具备高超的设计能力和实践经验。

三、商业首饰设计的基本特征

在确定设计元素之后,就要适当运用设计技巧来将设计元素融入首饰形态之中。商业珠宝首饰作为商品,本来就具有工业产品的一些特点,所以在进行商业首饰款式设计时有3个前提。

1. 美观性

一件首饰最基本的功能就是可佩戴且装饰性强,所以在设计商业首饰的时候第一要素就是对美观度和人体工学的考虑。即使一件首饰再美但不能佩戴,那都是没有意义的。首饰毕竟是人的装饰品而不是工艺品摆件,所以美观性和可佩戴性是首饰的基本要素。

2. 工艺性

在进行商业首饰设计时,最根本的设计原则在于可制造性。商业首饰设计与绘画艺术的不同点在于,纯艺术的绘画效果就是产品,而在商业首饰设计中,只有将产品实现出来才是设计过程的完结。所以只追求效果图上绚烂的效果,不注重设计的可实现性,就犯了商业首饰设计的大忌。在具体的设计过程中,会体现出很多需要注意的问题。例如,虽然在绘图中纤细线条有可能产生非常美丽优雅的视觉效果,但在实际设计里应该尽量避免,因为不利于批量生产,不利于设计形态的保持且减弱了首饰的牢固性。在商业首饰设计中,设计师应该与工艺技师进行深入的交流和沟通,将高尚的设计理念和精湛的工艺水平同时展现,才是最优秀的首饰设计。

3. 商业性

商业首饰和艺术首饰最大的区别,就是商业首饰可以通过货币交换它的价值,而艺术首饰有可能永远放在橱窗或博物馆作为人们观赏之用。

所以商业首饰必须具备几个因素:一是主题概念包装,就是说用很好的产品故事来推广商业首饰;二是时尚的款式设计,简约时尚的造型才能符合当代人的审美需求;三是可以标准化批量生产的工艺,就是说研发的新品必须是可以批量生产和流水化作业的产品。只有具备了以上3个条件才能称之为商业珠宝首饰。

第二节 商业首饰设计研发思维解析

一、两种产品研发逻辑思维

关于商业首饰设计研发流程工厂的研发模式和品牌的研发模式不同,有些是以"工厂思维"为导向的研发产品,还有的是以市场或用户为导向的研发产品。下面以"工厂思维"研发设计和"用户思维"研发设计的差别,解析工厂设计师和市场设计师研发产品的流程。

1. 以"工厂思维"为导向研发产品

产品的研发无非两种逻辑,或站在企业的角度上"由内而外"地先开发产品再推广销售,或站在顾客的立场上"由外而内"地从需求倒推至产品的开发。产品的研发看似简单却是企业是否真正迈入工业4.0时代的分水岭。它不仅会对企业内的一两个部门和部分员工产生影响,还会导致整个企业的管理导向和流程体系发生颠覆性的改变。

第一种"由内而外"的设计逻辑最常见,至今90%以上的珠宝企业依然沿用先定义产品,再定义客群的方式。老板或研发部门习惯性地根据自己的经验及灵感研发出若干产品,不管市场能否接受、顾客是否买账就一厢情愿地进行强推,一旦销路不畅就找工厂、企划、营运方面的问题,却从来没有从源头去思考这种逻辑下的产品与顾客需求之间的关系,如它给顾客带来的价值何在?它是否只是企业"自嗨"的产物?

先定义产品、再定义客群的难点在于,需要不断地去寻找对这个产品感兴趣的客群。其结果要么是顾客无感、企业"自嗨",要么是基本同质、价格博弈。企业获得市场青睐的概率极低且需靠人品和运气。它最易导致的症结就是产品与顾客需求不对接、与消费场景不匹配,从而使得大量产品成为占用资金的鸡肋库存,在当前银根紧缩的情况下如果企业还采用这种设计逻辑将严重威胁其生存发展。

2. 以"用户思维"为导向研发产品

以"用户思维"为导向研发产品即第二种"由外而内"的设计逻辑,即先定义客群的需求,再反推定义出产品的概念。这也是准确把握需求、精益配置资源的方式,与工业4.0时代靠精益化盈利的模式相吻合。

"由外而内"的设计逻辑的好处包括以下几点。

(1)具有很强的客群指向性,可以清晰地判定这个群体是否本身属于品牌圈定的受众群体,从而不脱离品牌定义的路径。

(2)可以聚焦核心群体进行消费洞察以找到并满足其痛点需求。

(3)能发掘出客群关联场景而串接出其生活方式,从而较为精确地把握传播推广的渠道,以达到精准营销的目的。

(4)较大程度地提升产品研发的成功率,在满足顾客需求、达成销售目标方面有了更强的把握性。提升企业的投入产出效率,增强造血功能,使企业进入良性发展轨道。

二、两种思维的传递流程

1. 用"工厂思维"研发产品传递流程

点子—设计—研发—打版—量化生产—找客户—做业务—销售给客户—然后……没了(这是一种甲方思维,采用暴力式输出方式,将产品滞销压力转嫁给终端商、二批商或者零售商,大多产品滞销,库存积累量惊人)。

2. 以终端"用户思维"研发产品传递流程。

点子—定位客群—寻求验证—信息收集—数据分析—聚焦消费诉求和点子的匹配度—设计—研发—打版—量化生产—内容植入—打包完整—找定向客户—试错—市场数据收集—完善—大范围推广—跟进销售情况—数据收集、分析—迭代延续……以这种方式打造的产品经过迭代优化及持续深耕后,就极有可能成为企业具有明星特质般的核心产品了。

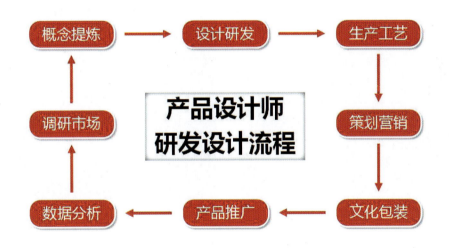

正确的产品研发流程图

第三节 戒指生产加工流程解析

本书以钻石戒指生产加工流程为例来说明钻石饰品的镶造过程一般包含如下几道工序:设计图纸—起银版—压胶模—注蜡—倒石膏模—溶蜡—铸金—执模—配石—镶石—抛喷砂—电金—制成品。详细图解如下所示。

(1)种蜡树:将选好款式的蜡版焊在一起。

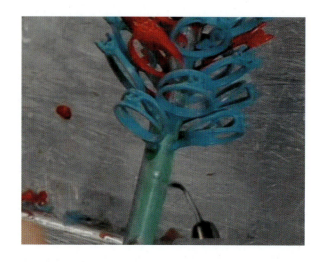

(2)将种好的蜡树放入特制的坩埚内倒模。

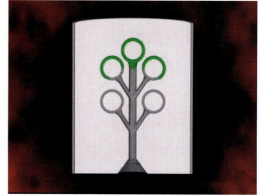

(3)加入金原料,进行高温处理。

(4)将蜡树一个一个剪下,就形成了一个个戒托的雏形。这样的半成品很粗糙,需要精细打磨、抛光,这个过程有部分金被损耗。

(5)将镶口和戒托焊接在一起,继续抛光打磨。

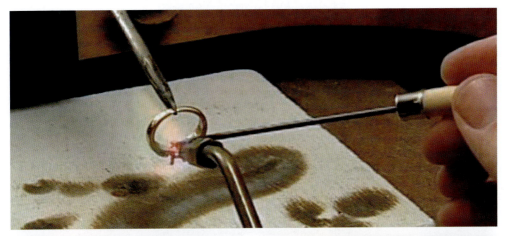

(6)镶钻。

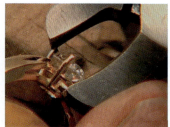

(7)再进行抛光打磨。

(8)最后将戒指放入电镀液中电镀,刻上字印,戒指制作就算完工了。

第四节　商业首饰设计案例

一、"幸运彩蛋"主题概念案例解析

1. 灵感来源

设计灵感来源于"法贝热彩蛋",是指俄国著名珠宝首饰工匠彼得·卡尔·法贝热所制作的类似蛋的作品。在世界各地,蛋是许多民族的喜爱和膜拜之物,绘制彩蛋却是斯拉夫民族独

有的传统习俗,而俄罗斯人则是将这一富含艺术气息的习俗保留至今。人们把一切美好的愿望及祝福绘制并寄托在幸运彩蛋上,希望彩蛋能给人们带来好运。

2. 参考素材

 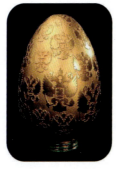  

3. 市场策略与定位

目标客户:以年轻时尚"90后"为主。

产品风格:简约时尚风格。

消费水平:200~500RMB。

产品材质:925银、纯手工珐琅。

产品价值:装饰价值、情感价值。

4. 原创设计手稿

5. 生产制作流程图

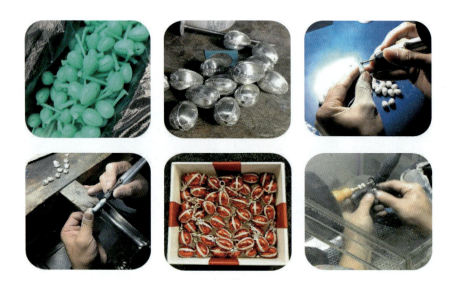

6. 3D设计效果图

7. 成品展示

8. 产品特写及展示效果

9. 推广法则及海报

彩蛋广告语:幸运彩蛋　好运相伴(小心意　大寓意)

总结:《幸运彩蛋》最大的卖点——节庆送礼送祝福。

想要策划设计一款爆款,一整套严谨的策划—设计—营销全套流程是必不可少的。设计师要具备产品经理人的素质,会整合产业链的资源,做到优势互补、协助共赢。从彩蛋设计案例中,我们可以提炼出爆款的三大要素:产品设计、情感痛点、价格定位。同时,总结了打造爆款的3A法则。

(1)爆款法则。即把营销做成一个事件,也就是找到一个支点,然后推动整个产品的痛点用户。

(2)痛点法则。痛点就是用户最痛的需求点,也是产品是否能满足用户诸多需求中最痛的一根针。在打造爆款时,必须找准用户的痛点需求,将创作概念传递给客户。

(3)尖叫法测。即通过流量、口碑用户体验使整个产品达到用户的尖叫点。

二、"印"系列玉石首饰商业设计案例解析

1. 灵感来源

印章,英文stamp,亦称图章,用作印于文件上表示鉴定或签署的文具,一般印章都会先沾上颜料再印上,不沾颜料、印上平面后会呈现凹凸的称为钢印,印于蜡或火漆上、信封上的称为蜡印。制作材质有金属、木头、石头、玉石。

古往今来,印章是权力、身份的象征,是责任、信用的体现方式,更是文人雅士把玩的心爱之物。

印章也相当于个人的一个印记,在商业交易时或拜访亲朋好友时,送对方一个印章或者用印章留下自己的印记都是在表达自己对对方的尊重。

2. 参考素材

百家姓早已作为中国的一种文化深

植于每个中国人的心中,它随着炎黄子孙的血液流传至今,是每个炎黄子孙的印记。百家姓作为一种文化,如今也作为艺术融入到人们的生活中,装饰人们的生活。

3. 市场策略与定位

目标客户:喜欢文创设计的中等收入群体。

产品风格:简约时尚、文创风格。

产品材质:K金、钻石、红绳、白玉。

产品价值:情感价值、装饰价值、文化价值。

产品卖点:个性定制、文化传播。

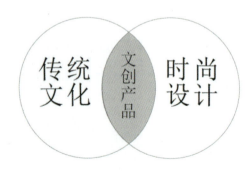

"印"系列手绘

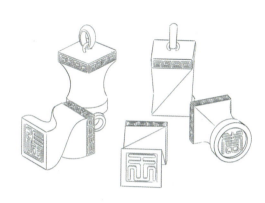

铅笔手绘线稿图

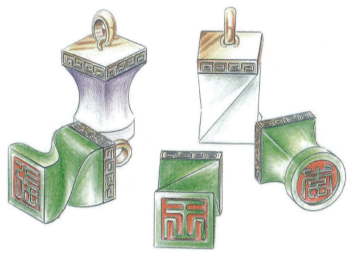

"印"系列原创设计彩铅效果图

"印"系列3D效果图赏析

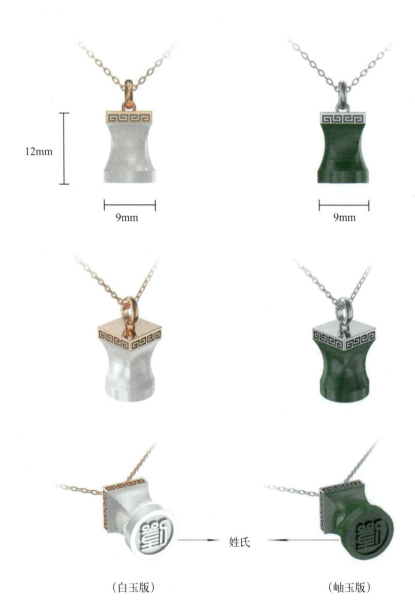

（白玉版）　　　　　（岫玉版）

姓氏

"印"系列三视图、立体图、成品图赏析

白玉款

主视图

三视图及立体图

案例链接

  国玉天工实业有限公司是一家集青海料销售、产品设计研发、加工制作、量产批发为一体的专业和田玉公司。2015年国玉天工在深圳成立总部,并与国内拥有最大和田玉矿产资源的青海昆仑股份有限公司达成战略合作伙伴,成为和田玉联合推广商。作为青海料源头首家正规化生产企业,打破了传统小户生产销售模式,以最具有优势、稳定的价格及其货源,赢得了各大珠宝品牌的信赖并与之合作。

  国玉天工首席设计师王婧洁和PY设计工作室携手合作共同创作融合中国传统文化百家姓与和田玉传统题材的"印"系列玉石产品。一改金镶玉传统形式(素面、平面),大胆尝试融入现代雕刻的设计理念,并可单独定制姓氏,真正做到了独有性。"印"系列产品不仅保留了中国传统文化特色,还改用具有当代元素的雕刻手法。18K金起到了画龙点睛的作用,使整个作品看起来时尚却不失传统特色。

三、"秘密花园"系列产品等策划方案

1. 设计理念

在绚丽繁华的珠宝世界里,大自然元素一向都是潮流时尚的宠儿。"秘密花园"系列运用花卉、昆虫的不同形态,用梦幻的自然界色彩寄托女性的心思,表达女性内心柔润缤纷的世界。

2. "秘密花园"制作特点

"秘密花园"系列完美融合了珐琅彩工艺艳丽的色彩及纯手工绘制的水墨手法,更形象地诠释了花园梦境般的意境。该作品以生命宝石——珍珠为主石,满足女性朋友对纯美大自然的渴求和张扬个性的情感诉求,仿佛置身于春意盎然的秘密花园之中,浪漫而极富斑斓。

四、"生命之赞"商业首饰设计案例解析

1. 结构组成

"生命之赞"是以一颗15.65mm的浓金正圆无瑕的南洋金珠为核心,由128颗红宝石与136颗钻石打造出的雍容华贵的牡丹花造型项链,项链上还点缀着3只由39颗黄宝石与71颗翠榴石精细打造的生动蝴蝶。

串珠链由6颗8mm和435颗6~6.5mm的Akoya珍珠组成,产品总重186.69g,金重60.63g。惊喜的是"生命之赞"可以一式三戴:牡丹金珠可单独拆卸作胸针佩戴,剩余的可做毛衣链串珠佩戴。

2. 设计理念

多排重叠环绕的珍珠代表着缓缓流动、汇合再倾泻而下的流水,珠花四溅却孕育出美轮美奂的生命结晶体,堪比牡丹娇艳、贵气,国色天香才足以赞美一粒沙子前世今生的美丽蜕变!华彩照人引得蝴蝶舞千翻,整件作品采用暖色调暗喻磨砺过的人生必定收获满满幸福。小钻的露珠点缀在红宝的花瓣上,显得朝气蓬勃。淡粉红色—粉红色—深红色渐变的牡丹花瓣,色彩层次由浅到深,栩栩如生,形成一朵怒放的牡丹。最后亮点聚焦在花蕊中的一颗灿烂金色的南洋珠上,表达了对生命的最高礼赞!经历磨砺而光华照人的珍珠是一种生命形态的包容和不屈的象征,而水孕育和滋养了生命的母体。

壹海珠是中国海洋珍珠首饰典范,是全球首家全心全意打造珍珠文化产品的领导品牌。其独树一帜的时尚理念和精湛的工艺赢得了众多商业领军人物和影视明星的赞誉。它是最名贵珍珠的代名词,浸染了东方文化气息,应和着不断追求和展现自我最好状态的现代精神。在珠宝的殿堂中,PearlOne每一步都开创了珍珠首饰的先河,陪伴新时代女性孜孜追求更美的自己。

PearlOne拥有精益求精的态度，它对产品品质的苛求、时尚度的追求，使得它成为了女性高品质生活美学的引领者。壹海珠的珍珠专家亲自前往世界的高质量珍珠原产地，寻觅世界顶级珍珠，他们的真诚换来了壹海珠在全世界最优质海域的珍珠优先挑选权。十次挑选，层层把关，每一颗珍珠仅有三千分之一的概率被选中，用以融入艺术的魅力与情感的挚诚。因为即使是珍珠上微不可见的气孔，也可能被当成设计当中的一抹元素，展现超凡脱俗的美态，并且壹海珠的每一件产品都有自己的身份——印有"PearlOne"标志的证书。

　　PearlOne的珠宝精巧绝伦，不仅形态美，更是体现了内涵与知性美。壹海珠致力于对珍珠文化的建立和民族企业精神的传承，用作品展现了珍珠文化的生动与自信，让美超越潮流与时尚的制约，给人们带去愉悦的体验。

第四章 珠宝品牌设计

第一节　品牌概述

一、品牌起源

品牌(brand)一词来源于古挪威文字 brandr,它的中文意思是"烙印",在当时,西方游牧部落在马背上打上不同的烙印,用以区分自己的财产,这是原始的商品命名方式,同时也是现代品牌概念的来源。1960年,美国营销学会(AMA)给出了对品牌较早的定义:品牌是一种名称、术语、标记、符号和设计,或是它们的组合运用,其目的是借以辨认某个销售者或某销售者的产品或服务,并使之同竞争对手的产品和服务区分开来。而商标(trademark)是指按法定程序向商标注册机构提出申请,经审查,予以核准,并授予商标专用权的品牌或品牌中的一部分。商标受法律保护,任何人未经商标注册人许可,皆不得仿效或使用。可以看出,品牌的内涵更广一些。

古老火漆印章

什么是品牌?品牌是一种识别标志、一种精神象征、一种价值理念,是品质优异的核心体现。培育和创造品牌的过程也是不断创新的过程,自身有了创新的力量,才能在激烈的竞争中立于不败之地,继而巩固原有品牌资产,多层次、多角度、多领域地参与竞争。

品牌最持久的含义和实质是其价值、文化和个性;品牌是一种商业用语,品牌注册后形成商标,企业即获得法律保护,拥有品牌专用权;品牌是企业长期努力经营的结果,是企业的无形载体。

为了深刻揭示品牌的含义,从以下6个方面总结品牌的基本特性。

(1)属性:品牌代表着特定商品的属性,这是品牌最基本的含义。

(2)利益:品牌不仅代表着一系列属性,而且还体现着某种特定的利益。

(3)价值:品牌体现了生产者的某些价值感。

(4)文化:品牌还附着特定的文化。

(5)个性:品牌也反映一定的个性。

(6)用户:品牌暗示了购买或使用产品的消费者类型。

二、品牌商标

商标与品牌是两个不同领域的概念,极易混淆。很多人把这两个术语混用、通用,甚至错误地认为注册商标的符号就成为了一个品牌。

中国是一个商标大国,但中国又是一个品牌弱国,全球最有价值的100个品牌中,中国品牌屈指可数。可见,商标与品牌并不能够划等号,两者是从不同的角度指称同一事物,它们既有密切联系又有所区别。生活中,很多人常常把这两个概念混淆,认为商标注册后就成了一个品牌,其实,注册商标要成为一个真正的品牌还要经历一个艰辛漫长的过程,就像修建万里长城。

如果把品牌比作一个巨大的冰山,商标只是冰山露出水面的一小部分。

品牌冰山理论

商标是品牌的一个组成部分,它只是品牌的标志和名称,便于消费者记忆识别。但品牌有着更丰厚的内涵,品牌不仅仅是一个标志和名称,更蕴含着生动的精神文化层面的内容,品牌体现着人的价值观,象征着人的身份,抒发着人的情怀。

确定名称和设计标志只是品牌建立的第一步骤,若想真正打造一个卓越品牌,还要进行品牌调研诊断、品牌规划定位、品牌传播推广、品牌调整评估等各项工作,还需要提高品牌的知名度、美誉度、忠诚度,积累品牌资产,并且年复一年,持之以恒,坚持品牌定位,信守对消费者所作的承诺,使品牌形象深入人心。

虽然商标和品牌都是商品的标记,但商标是一个法律名词,而品牌是一个经济名词。品牌只有打动消费者的内心,才能产生市场经济效益,同时品牌只有根据《中华人民共和国商标法》登记注册后才能成为注册商标,受到法律的保护,以防受到其他任何个人或企业的侵权模仿使用。

从归属上来说,商标掌握在注册人手中,而品牌植根于消费者心中。商标的所有权由注册人掌握,商标注册人可以转让、许可自己的商标为他人使用,可以通过法律手段打击商标侵权行为。品牌则植根于广大消费者心中,品牌巨大的价值及市场感召力来源于消费者对品牌的信任、偏好和忠诚,如果一个品牌失去信誉,失去消费者的信任,会一文不值。如因为产品质量问题,失去了消费者的信任,企业将难逃覆灭的厄运。

培养品牌的目的是希望将品牌变为名牌,这就需要企业在产品质量和售后服务下工夫。

品牌商标设计具有4个要素:

(1)造型美观,构思新颖。这样的商标不仅能够给人带来美的享受,而且能使顾客产生信任感。

(2)突出企业或产品特色。

(3)设计简单、醒目。商标所使用的文字、图案、符号,应力求简洁,给人以集中的印象。

(4)符合传统文化,为群众喜闻乐见。尊重各地区、各民族的风俗习惯、心理特征,尊重当地传统文化,切勿触犯禁忌。

品牌,是广大消费者对一个企业及其产品过硬的产品质量、完善的售后服务、良好的产品形象、美好的文化价值、优秀的管理结果等所形成的一种评价和认知,是企业经营和管理者投入巨大的人力、物力甚至几代人长期辛勤耕耘建立起来的与消费者之间的一种信任。

三、品牌价值

1. 产品或企业核心价值的体现

品牌是消费者或用户记忆商品的工具,企业不仅要将商品销售给目标消费者或用户,而且要使消费者或用户通过使用对商品产生好感,从而重复购买,不断宣传,形成品牌忠诚,使消费者或用户重复购买。消费者或用户通过对品牌产品的使用,形成对品牌的认可度,就会围绕品牌积累消费经验,存储在记忆中,为将来的消费决策形成依据。一些企业更为自己的品牌树立了良好的形象,赋予了美好的情感,并形成了令人印象深刻的品牌文化,使品牌及品牌产品在消费者或用户心目中形成了美好的记忆。

2. 识别商品的分辨器

品牌是建立在竞争的需求上的,是用来识别产品或服务的。品牌设计应具鲜明的个性特征,如品牌图案、文字等,以便于与竞争对手区别,突显企业特色。同时,互不相同的品牌各自代表着不同的形式、不同的质量、不同的服务或产品,可为消费者或用户购买、使用提供借鉴。通过品牌人们可以认知产品,并依据品牌选择购买。每种品牌代表了不同的产品特性、不同的文化背景、不同的设计理念、不同的心理目标,消费者和用户便可根据自身的需要进行选择。

3. 质量和信誉的保证

企业设计品牌,创立品牌。树品牌、创名牌是企业在市场竞争的条件下逐渐形成的共识,人们希望通过品牌对产品、企业进行区分,形成品牌效应扩展市场。品牌的创立、名牌的形成正好能帮助企业实现上述目标,使品牌成为企业有力的竞争武器。品牌,特别是名牌的出现,使用户形成了一定程度的忠诚度、信任度、追随度,由此使企业在与对手竞争中拥有了后盾。

品牌还可以利用其市场扩展的能力,带动企业进入新市场,带动新产品打入市场。品牌可以利用品牌资本运营的能力,通过一定的形式如特许经营、合同管理等形式进行企业扩张。

4. 企业的"摇钱树"

品牌以质量取胜,常附有文化、情感内涵,给品牌产品增加了附加值。同时,品牌有一定的信任度、追随度,企业可以为品牌制定相对较高的价格,获得较高的利润。众多品牌中的知名品牌在这一方面表现最为突出,由此可见品牌特别是名牌给企业带来的较大收益。而品牌作为无形资产,已为人们所认可。

5. 区分对手

区分对手即指制造商利用品牌将自己的产品与竞争对手的产品相区别。早期的企业对品牌的认识就是这么简单。他们相信只要给自己的产品或服务起一个名称,就足以将对手区分开。所以许多品牌的名字直接采用企业创办者的姓氏或名字,以便客户识别。但一个品牌要在竞争对手林立的市场中脱颖而出,还需要通过产品提供给消费者特殊的利益,满足消费者的实际需求,才能获得成功。如不能给消费者带来"与众不同"的感受,这样的品牌也无法真正与其他品牌相区别。

四、品牌管理

品牌管理的重心就是清晰地规划勾勒出品牌的核心价值,并且在以后的10年、20年,乃至上百年的品牌建设过程中,始终不渝地坚持品牌的核心价值。只有在漫长的岁月中以非凡的定力去做到这一点,才会在消费者的大脑中烙下深深的烙印。

深入地研讨中国企业品牌核心价值,有利于企业在品牌管理中有意识地、有针对性地避免犯类似的错误。中国企业品牌核心价值年年变、月月新的主要原因为:品牌管理是一门博大精深的学问,能真正科学透彻地理解长期维护核心价值不变之重要性的企业家,其实少之又少。解决这一矛盾的最好办法就是培养大批专业品牌管理人才,并且不断地创造机会向企业界传播这一原则。

品牌核心价值是品牌资产的主体部分,它让消费者明确、清晰地识别并记住品牌的利益点与个性,是驱动消费者认同、喜欢乃至爱上一个品牌的主要力量。

五、品牌营销理论及策略

4Ps营销理论实际上是从管理决策的角度来研究市场营销问题。从管理决策的角度来看,影响企业市场营销活动的因素(变数)可以分为两大类:一是企业不可控因素,即营销者本身不可控制市场,营销环境包括微观环境和宏观环境;二是企业可控因素,即营销者自己可以控制产品、商标、品牌、价格、广告、渠道等,而4Ps就是对各种可控因素的归纳。

产品策略(product strategy),主要是指企业以向目标市场提供各种适合消费者需求的有形和无形产品的方式来实现其营销目标。其中包括对与产品有关的品种、规格、式样、质量、包装、特色、商标、品牌以及各种服务措施等可控因素的组合和运用。

定价策略(pricing strategy),主要是指企业以按照市场规律制定价格和变动价格等方式来实现其营销目标,其中包括对与定价有关的基本价格、折扣价格、津贴、付款期限、商业信用以及各种定价方法和定价技巧等可控因素的组合和运用。

分销策略(placing strategy)，主要是指企业以合理地选择分销渠道和组织商品实体流通的方式来实现其营销目标，其中包括对与分销有关的渠道覆盖面、商品流转环节、中间商、网点设置以及储存运输等可控因素的组合和运用。

宣传策略(promoting strategy)，主要是指企业以利用各种信息传播手段刺激消费者购买欲望，促进产品销售的方式来实现其营销目标，其中包括对与促销有关的广告、人员推销、营业推广、公共关系等可控因素的组合和运用。

第二节　品牌定位

一、什么是品牌定位

品牌定位是企业在市场定位和产品定位的基础上，对特定的品牌在文化取向及个性差异上的商业性决策，它是建立一个与目标市场有关的品牌形象的过程和结果。换言之，即指为某个特定品牌确定一个适当的市场位置，使商品在消费者的心中占领一个特殊的位置，当某种需要突然产生时，比如人们在炎热的夏天突然口渴时，会立刻想到可口可乐红白相间的清凉爽口。品牌定位的理论来源于"定位之父"、全球顶级营销大师杰克·特劳特首创的战略定位。

品牌定位是市场定位的核心和集中表现。企业一旦选定了目标市场，就要设计并塑造自己相应的产品、品牌及企业形象，以争取目标消费者的认同。由于市场定位的最终目标是为了实现产品销售，而品牌是企业传播产品相关信息的基础，品牌还是消费者选购产品的主要依据，因而品牌成为连接产品与消费者的桥梁，品牌定位也就成为市场定位的核心和集中表现。

二、品牌定位的目的

品牌定位的目的就是将产品转化为品牌，以利于影响潜在顾客的消费行为。

做品牌时必须挖掘消费者感兴趣的某一点，当消费者产生这一方面的需求时，首先就会想到它的品牌定位。做品牌的实质是指为自己的品牌在市场上树立一个明确的、有别于竞争对手的、符合消费者需要的形象，其目的是在潜在消费者心中占领一个有利的位置。

良好的品牌定位是品牌经营成功的前提，为企业占领市场、拓展市场起导航作用。如若不能有效地对品牌进行定位，以树立独特的消费者认同的品牌个性与形象，必然会使产品淹没在众多产品质量、性能及服务雷同的商品中。品牌定位是品牌传播的客观基础，品牌传播依赖于品牌定位，没有品牌整体形象的预先设计(即品牌定位)，那么品牌传播就难免盲从而缺乏一致性。总之，经过多种品牌运营手段的整合运用，品牌定位所确定的品牌整体形象即会驻留在消费者心中，这是品牌经营的直接结果，也是品牌经营的直接目的。如果没有正确的品牌定位，无论其产品质量再高，性能再好，无论怎样使尽促销手段，也不能成功。可以说，今后的商战将是定位战,品牌制胜将是定位的胜利。

三、品牌定位的意义

1. 创造品牌核心价值

成功的品牌定位可以充分体现品牌的独特个性、差异化优势,这正是品牌的核心价值所在。品牌核心价值是一个品牌的灵魂所在,是消费者喜欢乃至爱上一个品牌的主要力量。品牌核心价值是品牌定位中最重要的部分,它与品牌识别体系共同构成了一个品牌的独特定位。

2. 与消费者建立长期的、稳固的关系

当消费者可以真正感受到品牌优势和特征,并且被品牌的独特个性所吸引时,品牌与消费者之间建立长期、稳固的关系就成为可能。

3. 为企业的产品开发和营销计划指引方向

品牌定位的确定可以使企业实现其资源的聚合,产品开发从此必须实践该品牌向消费者所做出的承诺,各种短期营销计划不能够偏离品牌定位的指向,企业要根据品牌定位来塑造自身。

四、定位的途径

品牌必须将自己定位于满足消费者需求的立场上,最终借助传播在消费者心中获得一个有利的位置。要达到这一目的,首先必须考虑目标消费者的需要。借助于消费者行为调查,可以了解目标对象的生活形态或心理层面的情况。这一切,都是为了找到切中消费者需要的品牌利益点。而思考的焦点要从产品属性转向消费者利益。消费者利益的定位是站在消费者的立场上来看的,它是指消费者期望从品牌中得到什么样的价值满足。所以用于定位的利益点除了选择产品利益外,还有心理需求,这使得产品转化为品牌。因此可以说,定位与品牌化其实是一体两面,如果说品牌就是消费者认知,那么定位就是公司将品牌提供给消费者的过程。

市场中存在不同类型、不同消费层次、不同消费习惯和偏好的消费者,企业的品牌定位要从主客观条件和因素出发,寻找适合竞争目标要求的目标消费者。要根据市场细分中的特定细分市场,满足特定消费者的特定需要,找准市场空隙,细化品牌定位。消费者的需求也是不断变化的,企业还可以根据时代的进步和新产品发展的趋势,引导目标消费者产生新的需求,形成新的品牌定位。品牌定位一定要摸准顾客的心理需求,唤醒他们内心的欲望,这是品牌定位的重点。所以说,品牌定位的关键是要抓住消费者的心。如何做到这一点呢?自然是必须带给消费者以实际的利益,满足他们某种切实的需要。但做到这一点并不意味着你的品牌就能受到青睐,因为市场上还有许许多多企业在生产同样的产品,也能给顾客带来同样的利益。而市场已经找不到可能"独步天下"的产品,企业品牌要脱颖而出,还必须尽力塑造差异,只有与众不同的特点才容易吸引人的注意力。所以说,企业品牌要想占据强有力的市场地位,就应该具有一个或几个特征,表现出其"唯一性"。这种差异可以表现在许多方面,如质量、价格、技术、包装、售后服务等,甚至还可以是脱离产品本身的某种想象出来的概念。如万宝路所体现出来的自由、奔放、豪爽、原野、力量的男子汉形象,与香烟本身没有任何关系,而

是人为渲染出来的一种抽象概念。因此，一个品牌要让消费者接受，完全不必把它塑造成全能形象，只要有一方面胜出就已具有优势，国外许多知名品牌往往也只靠某一方面的优势而成为名牌。例如，在汽车市场上，沃尔沃强调它的"安全与耐用"，菲亚特诉说"精力充沛"，奔驰宣称"高贵、王者、显赫、至尊"，绅宝则极力宣传"飞行科技"，宝马津津乐道它的"驾驶乐趣"。这些品牌都拥有了自己的一方沃土，不断成长。因此，想要尽可能满足消费者的所有愿望是愚蠢的，每一个品牌必须挖掘消费者感兴趣的某一点，而一旦消费者产生这一方面的需求，首先就会立即想到它。

市场实践证明，任何一个品牌都不可能为全体顾客服务，细分市场并正确定位是品牌赢得胜利的必然选择。只有品牌定位明确，个性鲜明，才会有明确的目标消费层。唯有定位明确，消费者才会感到商品有特色，有别于同理产品，从而形成稳定的消费群体。而且，唯有定位明确的品牌，才会形成一定的品位，成为某一层次消费者文化品位的象征，从而得到消费者的认可，让顾客得到情感和理性的满足感。要想在竞争中脱颖而出，唯一的选择就是差异化，而定位正是在战略上达到差异化的最有效的手段之一。企业如不懂得定位，必将湮没在茫茫的市场中。

长期以来，可口可乐和百事可乐是饮料市场无可争议的顶尖品牌，在消费者心中的地位不可动摇，许多新品牌无数次进攻，均以失败而告终。然而，七喜却以"非可乐"的定位，成为可乐饮料之外的另一种饮料选择，不仅避免了与两种可乐的正面竞争，还巧妙地从另一个角度与两种品牌挂上了钩，使自己提升至和它们并列的地位，稳坐市场交椅。可以看出，七喜的成功主要是定位的成功。

第三节　中国珠宝品牌发展现状及发展趋势

一、中国珠宝品牌发展历程

2000—2014年珠宝行业走过了发展的黄金时期。我国拥有巨大的市场发展潜力、丰富的宝玉石资源和独特的珠宝文化。我国珠宝首饰业作为新兴的朝阳产业，将在国民经济发展中占据越来越大的份额。通过政府的支持、行业的自律和业内有序的管理与竞争，在不久的将来，我国一定会成为世界珠宝加工、贸易的重要集散中心之一。

中国珠宝品牌趁势而起，少数品牌抓住机遇，在全国各地跑马圈地，争夺市场份额。国内企业间竞争激烈的同时，国际品牌也纷纷进入中国市场参与竞争。在这个竞争激烈的市场中，中国珠宝品牌借鉴国外品牌的经营理念和品牌建设，在残酷的市场竞争中边学习边成长。

经过10多年的努力，中国珠宝品牌建设成果显著，随着产业的发展，中国珠宝业也完成了从数量扩张、粗放经营，向注重质量、打造品牌的转变，品牌建设取得了显著的成效，已涌现出一批优秀的品牌，成为行业发展的中坚力量。一大批企业成长为中国珠宝首饰业驰名品牌，61个企业产品获得了中国产品质量的最高荣誉——"中国名牌产品"称号。品牌建设不仅大大地提升了产品在消费者中的信任度，也有力地增强了企业之间合作的诚信度。

尽管国内的珠宝首饰行业目前正处于品牌竞争的初级阶段，国内品牌的实力与传统港资及国际品牌的实力有一定的差距,但国内市场庞大的消费需求给予了国内品牌相当大的发展机遇。越来越多的珠宝商开始认识到品牌竞争的重要性,加入到品牌竞争的行列中来,而具有一定品牌效应的企业之间竞争也将愈演愈烈。品牌竞争将成为中国珠宝行业壮大的必经之路!

二、中国珠宝品牌的发展现状

(1)中国的很多珠宝品牌受限于老板的"贸易型思维",难与"终端品牌型思维"吻合。首饰厂的很多老板前期都是以贸易起家,经过欧美金融危机后,才开始大力发展国内加工、批发业务,这类生意都属于简单的买卖,需要考虑的问题较少,主要以追逐利润为主,缺少系统性和全面性,长期以来养成了老板的"贸易型思维"模式。而"终端品牌型思维"则是从战略的角度去全面地考虑问题,兼顾眼前利益,对细节的考量及把握更加繁琐、细致和专业。实体型的零售企业的管理难度是相等规模贸易型企业的几十倍。"贸易型思维"却很难做到细致和专业,更主要的是缺少足够的耐心去坚持收获前的等待,一时的眼前利益无法得到,就会失去努力及守候的决心与投入。

(2)精力和地域所限,不能全身心投入。远程管理是零售的弊端,尤其现在很多企业都是以经营业务为主(如工厂、批发等)、零售为辅,造成了企业在发展零售品牌初期不是全力投入,而更像一种尝试,以至于人力、物力及销售系统规划都会略显不足。

(3)客户资源的诱惑,导致发展过快过乱。取舍有道,有得必有失,最大的敌人就是在执行过程中面对诱惑、困难而出现战略的扭曲和妥协。很多品牌在经营业务中(如生产加工、批发等)都累积了大量的客户。珠宝品牌加盟的潜在客户很多,看起来好像是企业具有品牌的优势,但却造成了一个误区。因为有客户的资源诱惑,很多企业就走起了捷径,自己不去潜心研究零售的特点,不对客户进行考核、筛选,而是直接让客户加盟来做品牌细节,以为这样既能节省成本投入又能加速发展。但试想,能够盲目加盟一个如此不完善品牌的加盟商,会是优秀的加盟商吗?而不优秀的加盟商把品牌做坏、做砸也就在情理之中。

(4)文化底蕴不足,无法持续提升品牌。做品牌不是简单的模仿,品牌的定位需要全面系统的文化,如店面形象和陈列需要文化,品牌产品的设计开发需要文化,人员的培训与提升更需要文化……品牌是一个系统,需要大量的资源配置,更需要长时间的经营与管理,才能健康成长。

三、中国珠宝品牌未来的发展趋势

1. 小企业做产品

在如今同质化严重、市场份额减少、内外压力增强的情况下,被大企业的锋芒掩盖,很多小企业普遍面临生存危机。此时,小企业的发展重心不是做强品牌,而是主攻核心产品。只要有专攻方向,小规模的企业照样能把品牌做到极致,赢得消费者的青睐。

2. 大企业做品牌

品牌竞争是国际珠宝行业广泛使用的一种竞争手段。没有品牌就没有市场,要想在激烈的市场竞争中谋求发展,就必须用现代品牌运作理念将传统品牌重新整合。品牌化运作无疑将是珠宝行业今后发展的重要趋势。珠宝企业只有不断提升品牌价值才能顺应时代的发展潮流！

3. 细分珠宝市场，呼唤品牌差异化

企业要在产品上取得长期的竞争优势和超额利润，就必须实现产品差异化战略。差异化本质是与竞争对手形成错位竞争，满足消费者的不同细分需求，形成对品牌的忠诚度。把握顾客需求，从消费者需求出发进行颠覆性创新，创造客户差异化价值的能力是企业核心竞争力之一，也是企业在市场竞争中立于不败之地的利器。

4. 打造珠宝产品的文化价值

在未来，珠宝市场经过细分化、品牌化之后，产品的文化价值将成为未来珠宝市场提升竞争力和提升产品附加值的重要因素。珠宝首饰除了保值价值和装饰价值需求之外，更有情感价值和文化价值来满足人们的精神需求。

5. 个性化定制需求

珠宝已进入大众化消费市场，随着个性化消费潮流席卷而来，消费者通过自己的喜好来定制个人用品正在成为一种全新的生活方式。定制珠宝已经不再只是表现财富的方式，喜爱它们的人们赋予定制珠宝更多的情感意义。随着时代的变迁，高端消费群体对个性化定制珠宝的需求越来越大，定制服务成为珠宝商争夺的全新市场。

品牌成功案例赏析

"HK"香港珠宝品牌印记产品

信德缘幸福珠宝
XINDEYUAN HAPPINESS JEWELRY

《国韵芳华》

第四章 珠宝品牌设计

TIFFANY&CO. 品牌印记系列产品

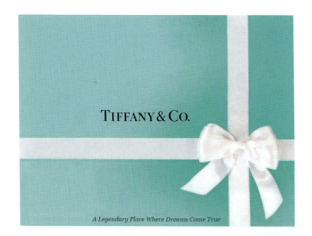
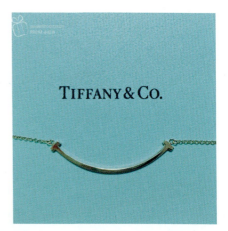

第五章 珠宝首饰私人定制

第一节　珠宝首饰私人定制概述

一、什么是珠宝首饰私人定制

珠宝首饰私人定制是按需设计、生产的过程,是客户按照自己的需要来确定款式、金属、宝石,乃至刻字等个性化内容,珠宝商提供相应的专属设计、生产等服务的过程。

珠宝首饰定制是珠宝作为装饰品天然就有的需求和属性,因经济和技术发展的限制,珠宝首饰定制曾经是王公贵族、社会富裕阶层所独享的奢侈服务,是他们身份、地位的象征,珠宝首饰定制可与奢侈品划等号。随着经济的发展,以及当代珠宝工艺的提高和网络的普及,珠宝首饰定制有了崭新的实现方式,因满足了客户个性化的需求而大受欢迎,日趋流行。

当代珠宝首饰定制分自助式DIY定制和私人定制两种。DIY是英语Do it yourself的缩写,即自己动手打造属于自己的珠宝,一般是由商家提供款式,由客户来选择款式、金属、宝石、刻字等。如今,国内珠宝界的DIY普遍停留在选戒托、配钻石的有限选择层面,只有部分商家和私人珠宝设计师率先实现了珠宝定制的完全DIY,客户可以自己在网站上随心所欲地选宝石、金属、刻字并能看到时时报价。有些珠宝商实现了珠宝首饰的3D定制。客户可以自己看三维定制效果——这在全球都是领先的,可谓是全方位的珠宝定制。

手绘设计定制手稿

3D设计效果图

二、珠宝首饰私人定制的现实意义

1. 增强客户参与感、成就感

珠宝首饰私人定制,是让客户参与设计,为客户量身定做的过程。客户可以自己来选金属、宝石、手寸、刻字,甚至可以将自己的灵感转述给设计师,从而定制一款个性感十足的珠宝首饰。这个过程本身就是让客户自己来设定珠宝的"意义"。

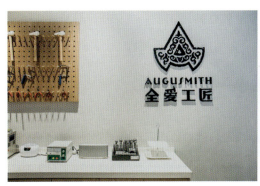

DIY自助纯手工作坊

2. 富于文化趣味

在中国这样的奢侈品消费大国,当奢侈品消费越来越倾向于年轻化的同时,当满大街的LV和爱马仕包晃得人眼睛疼的时候,还有什么能保存住我们渐渐失去立场的个性呢?

答案只有一个——私人定制。私人定制,绝对会让你的生活品质得到飞跃,让你的审美富有情趣。

在欧美,珠宝私人定制深受高收入人群的青睐,不光因为它的独有性,还因为它是一种驾驭财富的象征,没有了奢侈品大牌张狂的烫金LOGO,高级定制的血脉中留存着的是一种内敛而低调的高贵。也许,这才是高级定制要向世人传递的精髓。

私人定制并非高收入人群专属,私人定制也可以与奢侈无关。例如现在流行的婚戒定制,新人们以自己的艺术眼光设计定制一款独一无二的爱情戒指,既有独特的寓意和记忆,而且价格甚至比成品钻戒略低。

因此,私人定制更多时候考验的是定制者的文化底蕴与审美情趣,可以与奢侈无关,但一定代表了定制者的独特生活主张。

3. 珠宝首饰私人定制承载着人类情感与信仰

东方文化里首饰的信仰价值　　　　　　　西方文化里首饰的信仰价值

为客户量身设计定制作品赏析

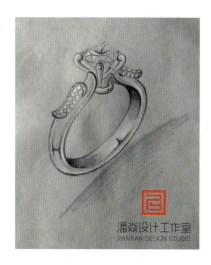

为宝石量身设计定制作品赏析

不同宝石的特性需要用不同的设计风格来演绎。

东西方文化不同，对首饰的审美标准也不一样。

东方玉石
特性：温润、细腻、韵味

西方宝石
特性：切工火彩、闪亮、色彩

第二节　珠宝首饰私人定制生产流程图解

(1)根据客户定制要求手绘珠宝设计图。将设计转化为成品,则需要依赖珠宝设计师的巧手,他们的任务是制作出非凡柔和、圆润完美的珠宝。真实尺寸的设计详细再现珠宝的每一个细节,将作为所有后续步骤的基础。

(2)围绕着宝石展开创作。将经过挑选的宝石在特殊的蜡版上定位,勾勒出首饰的形状。客户可与设计师分析和讨论各种不同的搭配,以便最大限度地展现宝石形状与色彩的完美搭配。

(3)制作原型与蜡模。原型制作是创造一件珠宝的第一步,工艺师首先将珠宝设计师的图纸转化为三维物体,用金片制作出其中的各个部件。然后将主模印在蜡上,准备铸造。

(4)铸造环节。在铸造流程中,蜡件变为贵金属制成的最终成品部件。蜡质融化所形成的空间由贵金属合金填满。

(5)宝石镶嵌。此时,工艺师必须倍加仔细,才能实现完美镶嵌,确保金属部件完全符合宝石的尺寸。

(6)装配焊接。在珠宝装配流程中,将各个部件用氧气焊枪焊接在一起。

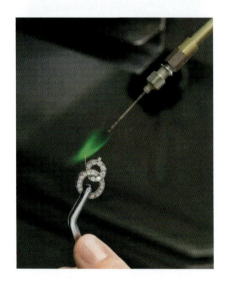

(7)宝石镶嵌。宝石镶嵌师小心地在翡翠戒指上密镶钻石。

(8)抛光。当宝石的所有部件都制作装配完成后,整件作品即将完工。在制作和镶嵌之间,有多道预先抛光工序,但只有最终的抛光工序才能将成品蜕变为珠宝。金属展现完全的镜面效果,表面光滑明亮。

(9)质量控制。在质量控制流程的最后阶段,成品珠宝将由质量保证专家仔细检验,以确保符合顶级珠宝最严格的质量标准。

成品鉴赏

这是一款来自顶级珠宝系列的项链,镶嵌彩色蓝宝石、薄荷色碧玺与钻石。这款项链的每一个部件均在顶级珠宝工作室内手工制作和镶嵌。

第三节　原创珠宝设计作品解析

1.《神秘花园》

设计理念:花园是个绿草丛茵、鲜花盛开的地方,也是蜜蜂起舞、彩蝶纷飞的地方。这是大自然献给人类最美丽的礼物,也是人们一直向往和追求的美好国度。那里可以让人们放松心情,亲近大自然,回归自我。彩色宝石是世界上颜色最丰富、最稀有的瑰宝。设计师力求用大自然最美丽的彩色宝石作为颜料来绘制出心中童话般的梦幻花园,用最童真的心来设计人们心中的神秘花园。

原创手绘水粉效果图

3D电脑效果图

成品效果图

案例总结:《神秘花园》是PY设计工作室代表作品之一,曾经获得了2015年中国首饰设计"红棉奖"金奖。此作品用不同颜色的天然彩色宝石自由混搭而成,中间零星点缀着的不同的自然元素(如花草、昆虫等)使得整件作品如童话世界中的梦幻森林,缤纷而又美丽。

2.《激浪成荆》

设计理念：在儿时记忆中，往水中掷一枚石子，激起柔韧的浪花，跳跃间托着石子越走越远。《激浪成荆》用设计师的手将时光定格，凝聚在绽放的一刹那，萃成紫荆花般绮丽的姿态。激起的浪影都是一路的迤逦结晶。柔而有韧，绽而为荆。寓意人生的每一步奠定最后的辉煌时刻，绽放生命的极致精彩，不枉一生精华凝萃。

第一步：首先起稿确定大致造型以及细节构图的基本线条，勾勒出基本明确的图形并进行细节调整。

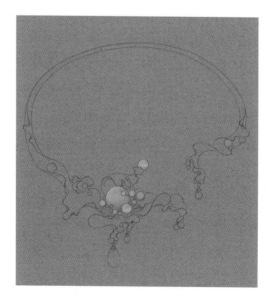

第二步：在第一步的基础上明确所有线条转折以及线条间的穿插关系，画出所有上色前的明确线条及面与面之间的转折、穿插及浓淡关系的效果图，然后开始铺底色。

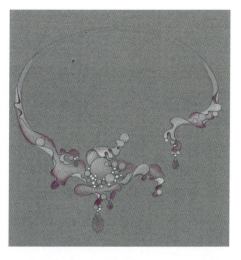

第三步:大量上底色,带有色彩的底色有利于后期上色的稳定度,用最简单的色彩清晰明确地表达整个作品的关系。

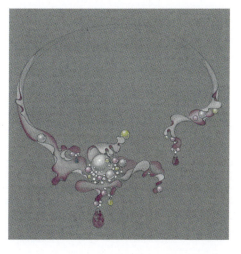

第四步:分离宝石间的效果,展现大宝石的质感。这个阶段随时停笔都可以很完美地表现整体的设计效果。

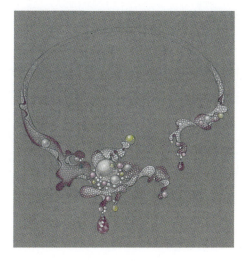

第五步：完成大宝石间的关系效果图以后开始渲染配石效果，这个时候一定不能破坏原来的明暗关系。高的一定要亮，低的一定要拉开距离。

第六步：完成整个作品的基本渲染，然后修改细节，对不满意的部分进行查漏补缺，加强整体性。同时可以借用辅助作品来完善这件珠宝首饰的佩戴效果及摆放效果。

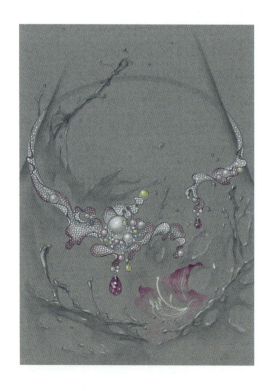

成品效果图

3. 原创珠宝设计作品鉴赏

《雨露缎带》

灵感来源于缎带蝴蝶结,每个女人一生的挚友!以宝石为缎带悬耳遥盼!一举一止尽显优雅!

《蓝色烟火》

灵感来自烟花、烟火绽放的瞬间,宝石的颜色火彩绽放就像生命的怒放。

《血色冰晶2》

红宝石——一种高贵而古老的宝石,从古至今都是全世界人们喜爱并追捧的宝石!世界上最好的红宝石呈鸽血红。以此为灵感,鸽血加上璀璨的反彩切工不就是一块血色的冰晶嘛?以红宝石配合异形切割,让薄钻尽显色彩与晶透!

《女王之眼》

在宝石界,猫眼是一种非常特殊的存在,神秘如眼,随着光而闪耀!此设计从宝石本身的特点出发,随着主石的特性向外扩散而设计,更加突出了宝石的猫眼效果,无形中增强了佩戴者的气场,犹如拥有第三只眼睛掌控全场!

《雅兰莎》

幽兰自古就是文人雅士最喜爱的心头之物,倾心培养终成兰韵!悠悠兰花飘香四溢、优雅流畅!就像轻纱扶摇,尽显优雅清高之态!

《浮生叶雨》

此作品为18K金祖母绿胸针，是2018年戛纳电影节红毯作品。意喻寒冷的冬天落大雨。

《浮水凝》

此作品为18K金祖母绿胸针，是2018年戛纳电影节红毯作品。意喻浮水凝夜光，浮水凝池上，闲闻落雨声。

《艳栀子》

2018年戛纳电影节红毯作品，意喻火红的欧泊像一朵娇艳的花，盛开、璀璨。

《佛本无相》

我们命运的好与坏取决于自己怎样看待自己。相由心生，只要我们心存善念，种好因自然会有好的结果。

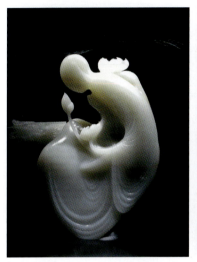

《佛本无相》原创设计手绘稿

第二代《佛本无相》产品

第五章 珠宝首饰私人定制

禅宗美学文创设计《佛本无相》新品系列鉴赏

珠宝首饰私人定制

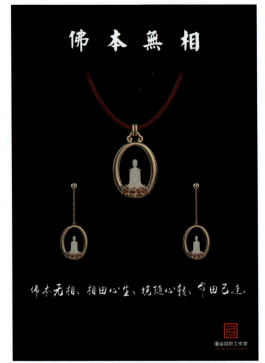

【佛本无相】系列
— 玉面佛 — 和田玉吊坠

和田玉：8.77ct
金重：1.20g
总重：2.95g

碧涧泉水清，寒山月华白。
默知神自明，观空境逾寂。

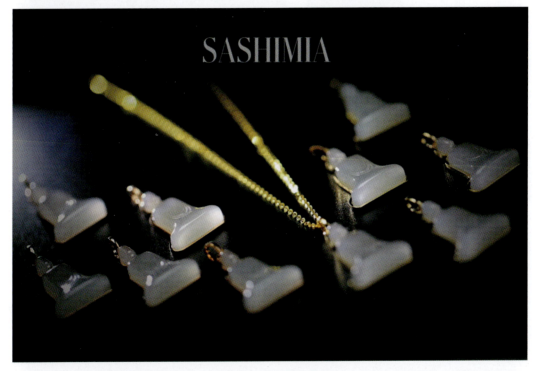

SASHIMIA

第六章 珠宝首饰设计大赛

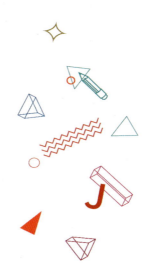

第一节　珠宝首饰设计大赛概述

珠宝首饰设计大赛是通过创新设计来推动产业的升级,提升行业的竞争力。大部分珠宝首饰设计大赛是由行业协会和政府主办,也有些是由企业和院校及珠宝厂商举办的。

一、珠宝首饰设计大赛中艺术首饰和商业首饰的区别

艺术首饰相对于商业首饰,最大的区别在于艺术首饰的创作不是以获得利润为出发点,所以营运成本、市场反映、传统观念等都不是设计师考虑的主要因素。艺术首饰设计是设计师自身风格个性的体现,是设计师不断探索以及对于首饰发展趋势的预测。

二、珠宝首饰设计大赛中设计灵感的捕捉

灵感对于艺术首饰设计尤为重要。灵感是一种极佳的(富有效能的)心理状态,在这种状态下,人们易于进行创造性活动,从而使科学家的发现与艺术构思轻而易举地相结合。灵感可以由任何事物引起,如物体、情绪、人物、地点或者形态,甚至某个过程、技术或嗅觉。灵感的捕捉几乎没有规则,全凭个人的感观,实际上就是人对刺激所做出的反映。

1962年华勒士提出4个阶段的灵感顿悟过程。

(1)准备阶段(preparation)。包括从过去所受的一切教育中所获的智慧;也包括界定问题,收集资料,以及选择一种解决问题的策略。

(2)孕育阶段(incubation)。由于问题不能立即解决,所以搁起的问题留待无意识活动时加以解决。在孕育一个新思想的过程中,既可以改变周边的环境,也可以使大脑休息一段时间。

(3)启明阶段(illumination)。当一个百思而不得其解的问题搁置在一旁而经过头脑中无意识地长期酝酿后,新思想会在梦中或者在偶然机会(如散步、听音乐、看戏、洗澡时)突然涌现,这就是无意识活动"突入"了意识之中。这时创造者好像在一片乌云中见到了阳光,手舞足蹈,欢呼雀跃。心理学家把它称之为阿哈现象,它只能在时机成熟时自然涌现,而不能用意志力催生。

(4)校核阶段(verification)。在上阶段头脑中出现的"闪光",是否是解决该问题的最佳方案,有待于有意识的逻辑思维的验证。

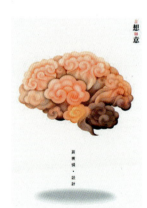

由此可以看出,首先第一步的准备阶段是触发灵感的基础。很多人在抱怨没有创作灵感的时候,往往应该回顾自己的原始积累是否足够。生活和大自然中有无数美妙的元素,我们只是缺乏善于发现美的眼睛。人们在日常生活中,就很容易将身边的事物视作理所当然,我们习惯性地与事物共存,但并没有真正地观察它们,更别提花费时间去回想最初

的反应。如果想要刻意地收集灵感来源,我们需要时刻提醒自己与事物保持一定距离。

首先,第一步的准备阶段,需要收集视觉素材,在观察事物时要注重感受形体的变化,色彩的变化,肌理的变化。可以通过拍照,剪贴和素描的形式记录下日常生活中观察所见的与设计要素相关的视觉形象。善于做素材积累的练习,才能保证设计灵感的源源不绝。

其次,要从广义上理解灵感素材的种类。创作灵感可以来源于物体、人物、风景、天象等直观形象,也可以来源于人的情绪,甚至是味觉、嗅觉和听觉等其他五官感受。从体现设计师个性化的角度来说,灵感素材可以是积极向上、体现美好的,也可以是孤残颓败、令人哀伤的,同样也可以是嘲讽诙谐、引人深思的。在物质丰富、视觉形象泛滥、视觉刺激充斥人们眼球的当代,一些被赋予了人文关怀、能够获得人们情感共鸣的作品才能经得住时间的涤荡,最终留存在于世而成为经典。

最后,文化始终可以作为设计灵感的来源。文化是人类在历史长河中的积淀,是凝聚了无数人心血的瑰宝。文化包括了生活方式、审美观念、风俗习惯、价值体系、艺术风格等。文化是不可复制的,每个民族的文化都是独特和珍贵的,在文化中寻找设计灵感是更高层次的设计方法。带有文化的设计是具有社会责任感的设计,是从本质上就具有独特性的设计。

第二节　国内外重要首饰设计大赛获奖作品展示

1. 国内珠宝首饰设计大赛作品赏析

首届中国珠宝首饰设计比赛获奖作品《同心结》

首届"中国金都杯"黄金设计大赛获奖作品
《汉字的魅力》

2006年E.F.D公主方钻首饰设计比赛获奖作品
《冰之艳》

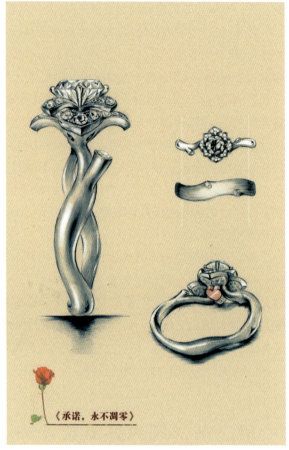

2015年周大生中国流行风商业珠宝设计大赛作品

第一届意彩石光首饰设计大赛获奖作品

第一届顺德伦教(中国)珠宝首饰创意
设计大赛获奖作品《森绿》

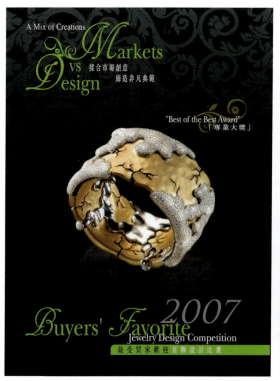

2007年香港最受买家欢迎首饰设计比赛获奖作品

第一届"华·彩"国际彩色宝石设计比赛获奖作品

香港珠宝设计比赛获奖作品

香港足金首饰设计比赛获奖作品

第一届"黄金畅想"金饰设计大赛获奖作品

第一届"嘉华怀"东方婚爱文化首饰设计大赛获奖作品《合家欢》

第一届中国"印象孔雀"珠宝设计比赛获奖作品

2. 国际珠宝首饰设计大赛作品赏析

2008 CHINA国际珠宝首饰设计比赛获奖作品
《飞人》

De Beers国际钻饰设计比赛
获奖作品《释放》

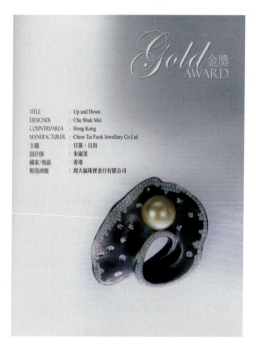

国际南洋珠首饰设计比赛获奖作品
《日落·日出》

国际大溪地珍珠首饰设计比赛获奖作品
《龙》

HRD Awards国际钻石首饰设计大赛获奖作品
《白色的梦想》

美国AGTA有色宝石设计比赛
获奖作品

首届JMA国际珠宝设计比赛获奖作品
《雪飘飞》

第三节　国内外首饰设计大赛作品创作过程解析

一、国际大溪地珍珠首饰设计比赛获奖作品《司南》创作过程解析

1. 设计理念

首先拿到这样的设计主题可能很多设计师就马上会运用头脑风暴来联想有关宇宙的所有元素(包括星辰、太阳、黑洞、星空……),灵感来源非常的广阔。第一步采用头脑风暴式的思考方式进行素材的搜集工作。因每个人的思考方式和思考深度不同,花的时间也相对不一样,有些人可能花一两天思考,而有些人可能花一周或者更多的时间来寻找自己的灵感。灵感有可能来源于一个自然现象,有可能来源于一张宇宙景象,甚至有可能来源于和宇宙相关联的元素或符号等。

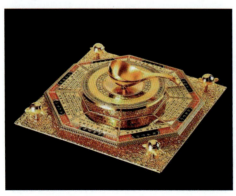

接下来就要进一步深入思考这个灵感怎么和大溪地珍珠很好地融合来演绎"星之韵乐"这个主题。经过漫长的思考和联想,我突然想起了我国的四大发明之一——司南。这个民族的智慧结晶不仅造型独特,而且也很切题,能很好地弘扬中国文化。接着就收集大量有关司南的图片及资料,然后进一步深入思考怎么创作此作品,通过收集到的大量的图片资料不断地勾勒草稿雏形。这个阶段需要很细心、很周全地考虑每一个细节问题(包括设计的原创性、整体设计的艺术性、主题的演绎、材质的运用、工艺的考究……)。这个阶段是最重要也是最考验功夫的时候。同一个主题,同一个元素,由于每个人的思考深度不同和综合素质的不同,导致创作出来的作品风格和内涵也有所不同。

　　最后,通过对大量的草稿进行不断修改和提炼来定稿。画正稿时,不仅要考验一个人的绘画功底和表现技法,还要很精细地把自己的作品通过自己的绘画表达出来,让评委们很清楚明了地了解你想表达的设计理念。最后一步就是写创意说明。设计师需要通过文字向评委传递自己的设计理念,引起共鸣。

　　2.《司南》作品设计流程

(1)首先用铅笔在图纸上定位、构图,然后先轻轻勾勒出《司南》的大致轮廓。

（2）确定大致轮廓之后，再确定钻石的位置，使设计初稿整体轮廓成型。

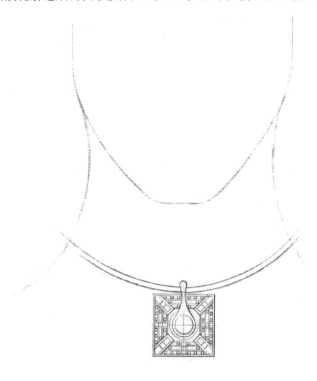

（3）用针管笔勾勒出作品的轮廓线，确认正稿定性之后，擦去铅笔初稿。

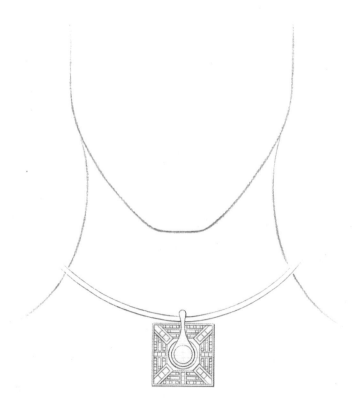

(4)用彩铅打上阴影效果和珍珠的明暗交界线并留好高光面和反光面。

(5)进一步细致描绘黄金的阴影效果和珍珠的底色,使珍珠更富光彩。

(6)用水彩笔把黄金部分的金属质感面刻画得更加立体逼真,接着用粉红色和银灰色彩铅勾画珍珠光影效果,使珍珠更加逼真迷人。

 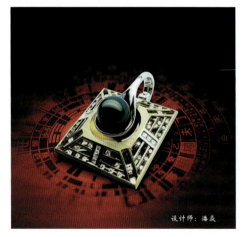

案例总结:这件作品于2007年获得国际大溪地珍珠首饰设计大赛冠军。作品的灵感来源于中国的四大发明之一——司南。设计大赛的主题是"星之韵乐",设计师没有将传统的星宿、星辰、月亮等作为设计元素,而是另辟新径,通过更深入的思考从民族文化元素符号中寻找灵感。作品不仅很含蓄地表达了设计主题,也很好地将中华民族的智慧结晶和民族文化符号通过这件作品进行传承和延续。这件既富有浓郁的现代气息又蕴含着中国传统文化的作品,将时尚与经典共存,将大溪地珍珠的独特魅力和神秘的东方文化完美地融合在一起。

二、中国珠宝设计大赛获奖作品《鱼跃》创作过程解析

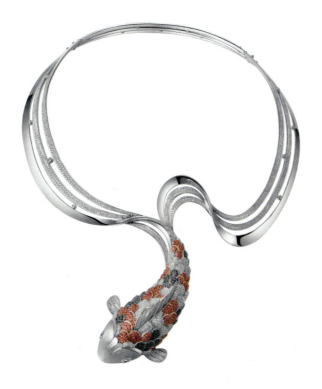

深圳市甘露珠宝首饰有限公司设计的作品《鱼跃》荣获
2014年、2015年中国珠宝首饰设计大赛最佳首饰创意奖

1. 设计理念

鱼跃系列寻根于民族文化,将富有中华文化底蕴的鲤鱼元素融合到珠宝设计之中。产品采用专利工艺,使得鲤鱼的眼睛、鱼鳍甚至到每一个鳞片都可以活动,手镯的开合方式也采用了弹力金片,使得鲤鱼的形象更加生动,活灵活现。

2. 草图设计和元素分析

(1)元素分析。中华文化源远流长,民俗文化丰富多彩,其中有不少是与鱼有关的,而鲤在鱼类中可谓领袖群伦。在几千年的文化传承中,更与中华传统民俗文化有着深厚渊源。

(2)名称由来。宋代沈括在《梦溪笔谈》记载:"鲤当助一行三十六鳞,鳞有黑文如十字,故谓之鲤,文从鱼,里有三百六十也。"意思是鲤鱼的侧线有三十六片鳞,鳞上有似"十"字的黑纹,三十六乘以十,就是三百六,古以三百六十步为一里,故称为鲤鱼。

(3)象征意义。吉祥、金榜题名、权利、婚姻、孝道等。

3. 手绘步骤和上色步骤

(1)轮廓雏形。结合辅助线,用铅笔快速在纸上勾勒出大致造型。

（2）试色。用上色工具将所需的颜色进行大概铺色，以便于确定颜色及整体效果，为后面上色作准备。

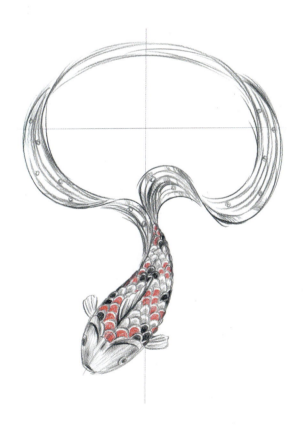

(3)造型细化。对造型轮廓、比例进行细化。

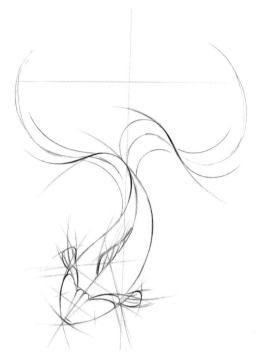

(4)完善线稿。将鳞片、鱼鳍等局部线稿进一步刻画。注意结构的转折以及线条的虚实过渡。

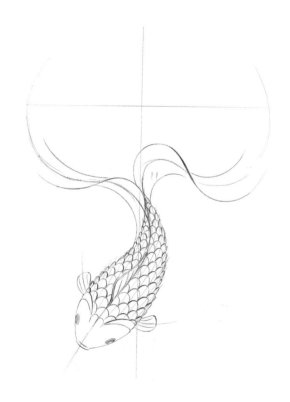

(5)勾线、上色。用针管笔勾线定型后,再分别给贵金属及宝石铺底色。

(6)宝石刻画。用较细的针管笔把宝石绘制到相应位置。

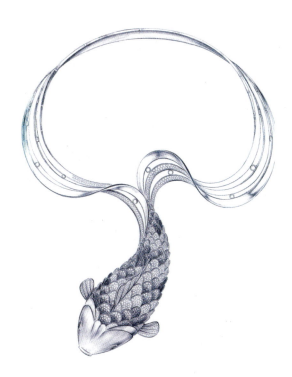

(7)深入刻画。注意处理好整体的明暗、层次,以及不同材质的质感,例如金属质感、宝石质感的区分。

(8)终稿及作品展示。产品采用了弹力金片专利工艺,使得鲤鱼的眼睛、鱼鳍甚至到每一个鳞片都可以活动。

三、第三届"天工精制"国际珠宝设计大赛作品《昭君出塞》创作过程解析

1. 设计理念

"寄声欲问塞南事,只有年年鸿雁飞。"作为四大美人"沉鱼落雁,闭月羞花"中的"落雁",昭君出塞的故事一直带有伟大的奉献色彩。昭君手抱琵琶、身披斗篷的形象深入人心。这件作品设计的最大亮点除了整体独特的流畅线条,更是在于琵琶琴弦之上落了只鸿雁,仿佛随着弦音阵阵,鸿雁替昭君飞去那再也无法归去的故国家乡。

2.《昭君出塞》作品设计流程

第一步:首先确定大致造型以及细节构图的基本线条,勾勒出基本明确的图形。

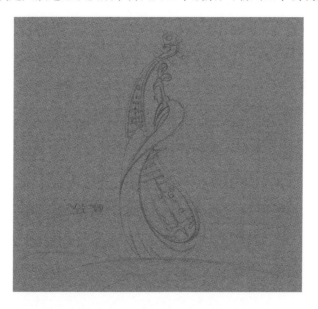

第二步:明确所有线条转折以及线条间的穿插关系,画出所有上色前的明确线条及面与面之间的转折、穿插、浓淡关系效果图。

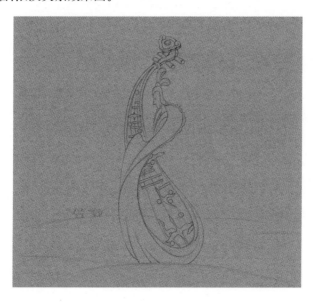

第三步：铺上底色，分离整个作品明暗色彩的效果，方便整体上色时随时调整与停笔。这个阶段随时停笔都可以很完美地表现整体的效果。

第四步：加强整体效果，注意不要破坏原来的明暗关系。

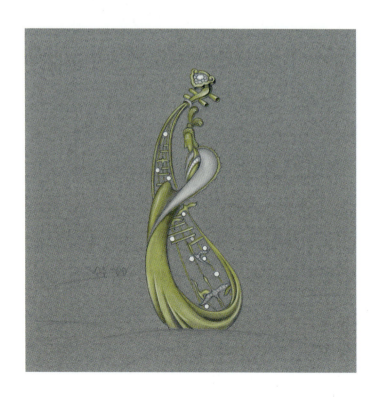

第五步：完成整个作品的基本渲染，然后修改细节并对不满意的部分进行查漏补缺。同时加强整体性。

获奖作品成品赏析

案例总结：整件作品把雕塑美学和中式意境美巧妙地创作在一起，简约的造型和一气呵成的线条将人物线条和琵琶的曲面完美地融入一体。上面零星点缀着的彩色宝石和落雁元素在琵琶的弦上灵动着，让这件作品的故事寓意得到很好的诠释。一件好的设计作品不仅要体现形式美，更要体现作品的内在美，这样才能使得这件作品有生命、有灵魂，让人欣赏完后有意犹未尽的感受。

四、2019年第二届中国珠宝首饰设计"天工奖"获奖作品《十二生肖》赏析

PY设计工作室携手国玉天工共同创作金玉良品《十二生肖》"印"概念产品。一改金镶玉的传统形式（素面、平面），大胆尝试立体带现代雕刻的设计理念，并可单独定制姓氏，真正做到了个性化定制。百家姓和印章都属于中国的传统文化。此系列作品保留了中国传统文化的同时改用当代元素的雕刻手法，18K金起到了画龙点睛的作用，使整个作品看起来时尚却不失传统。

十二生肖，又叫属相。十二生肖是十二地支的形象化代表，即子（鼠）、丑（牛）、寅（虎）、卯（兔）、辰（龙）、巳（蛇）、午（马）、未（羊）、申（猴）、酉（鸡）、戌（狗）、亥（猪）。

《十二生肖》"印"概念作品赏析

《圆明园十二兽首》

手绘稿

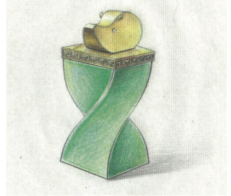
手绘稿效果图

3D设计效果图

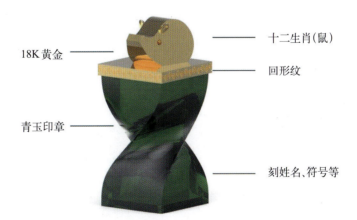

- 十二生肖(鼠)
- 18K黄金
- 回形纹
- 青玉印章
- 刻姓名、符号等

正面

侧面

背面

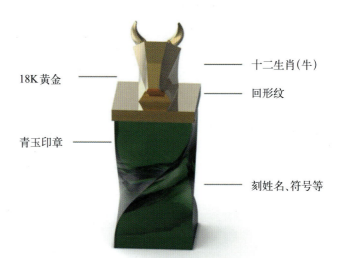

18K黄金 ——————— ——— 十二生肖(牛)
　　　　　　　　　　——— 回形纹
青玉印章 ———————
　　　　　　　　　　——— 刻姓名、符号等

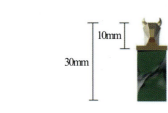 

　　正面　　　　　侧面　　　　　背面

18K黄金 ——————— ——— 十二生肖(虎)
　　　　　　　　　　——— 回形纹
青玉印章 ———————
　　　　　　　　　　——— 刻姓名、符号等

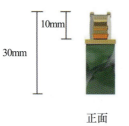 

　　正面　　　　　侧面　　　　　背面

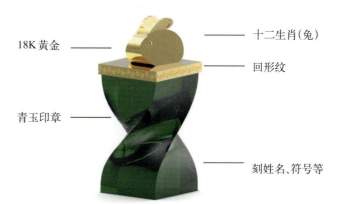

18K 黄金 —— 十二生肖（兔）

回形纹

青玉印章

刻姓名、符号等

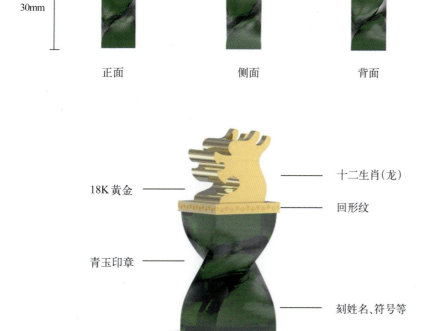

正面　　　　　侧面　　　　　背面

18K 黄金 —— 十二生肖（龙）

回形纹

青玉印章

刻姓名、符号等

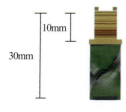  

正面　　　　　侧面　　　　　背面

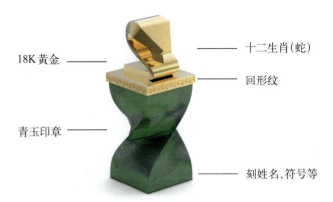

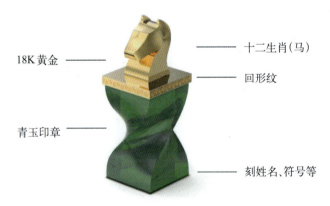

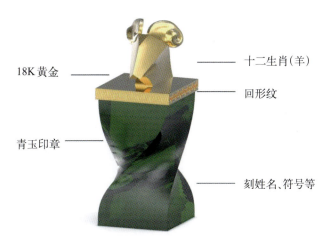

- 18K 黄金
- 十二生肖（羊）
- 回形纹
- 青玉印章
- 刻姓名、符号等

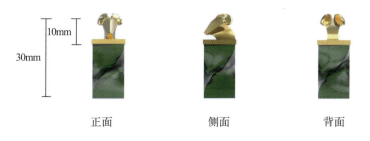

正面　　　　　侧面　　　　　背面

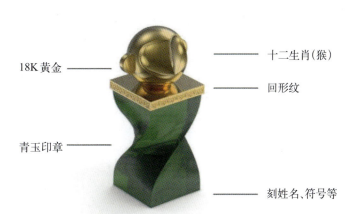

- 18K 黄金
- 十二生肖（猴）
- 回形纹
- 青玉印章
- 刻姓名、符号等

正面　　　　　侧面　　　　　背面

- 18K黄金
- 十二生肖（鸡）
- 回形纹
- 青玉印章
- 刻姓名、符号等

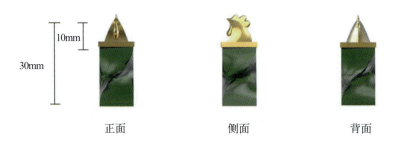

正面　　　侧面　　　背面

- 18K黄金
- 十二生肖（狗）
- 回形纹
- 青玉印章
- 刻姓名、符号等

正面　　　侧面　　　背面

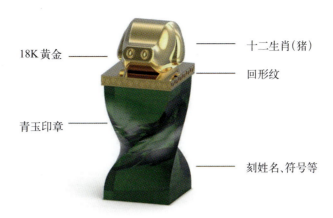

18K黄金 —— 十二生肖（猪）
—— 回形纹
青玉印章 ——
—— 刻姓名、符号等

正面　　　　　侧面　　　　　背面

青玉版《十二生肖》

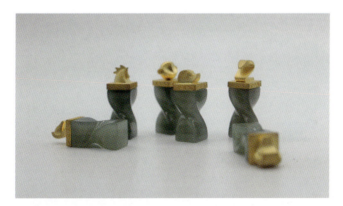

白玉版《十二生肖》

第七章 两岸三地著名珠宝设计师

第一节 中国台湾著名珠宝设计师

设计师简介

吕政男,中国台湾知名珠宝设计师,具有业内近30年珠宝设计经验,多次担任海峡两岸各类珠宝设计比赛及国际大赛评审,与各大珠宝品牌合作数次并参与相关营销企划,如De Beers国际钻饰品牌。20余年来致力于珠宝设计教学,著有《珠宝式样 吕政男设计手稿》《珠宝式样Part II 吕政男设计手稿》,是台湾最早的珠宝设计专业书籍之一,也奠定了其在台湾珠宝圈的专业地位。

个人代表作品

脉系列

廻系列——《上善若水》

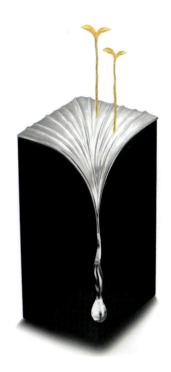

廻系列——《沿》

根系列——《菩提深根》

设计师简介

品牌总监——林芳朱，大学主修历史，热爱中华艺术与文化，喜欢收藏独到、不起眼的古董老件，跨领域的兴趣使她拥有一颗"自由的心"。

历史的熏陶让她着迷于千年文化中各式各样的元素，多元艺术涵养养成她独特的美学观点。她义无反顾地踏上东方珠宝艺术的复兴之路，缘于她丰硕的文化资源，更缘于她身为中国人的骄傲。她希冀将历朝历代的瑰丽精华，以现代视觉观点，运用各色宝玉石，重新诠释演绎为珠宝艺术，再次唤醒大众对中华艺术与文化的珍爱。

作品名称：《如意锁佩点翠炼坠》

设计理念：作品融入古董文物承载着的历史轨迹，弥足珍贵。将珍藏独一无二地点翠，以东方设计思维为主，西方工艺技术为辅，并挑战全新的珠宝工艺技术"极致米珠"镶嵌技术，给予古物时尚生机，完美表达出21世纪现代中国风珠宝该有的新潮样貌。

作品名称：《故宫宜子孙项链》

设计理念：此件设计以清乾隆"宜子孙"印文为本，将印文做成珠宝，可以说是创新的尝试。设计师不但将文字之美融入其中，更将生活情趣、文化修养之美都勾勒出来，更让故宫文物之美展现于生活时尚中。

作品名称：《团寿吉庆沉香提珠》

设计理念：设计师以"极致米珠"工艺，将如米粒般大小（1mm）的珍珠镶嵌在沉香上，搭配饶富趣味的青金石，垂缀粒粒珊瑚米珠，可谓是最新潮的古典、最古典的时尚。

作品名称:《凤翔九天胸针》

设计理念:此件作品设计灵感来自于台北故宫典藏的"皇贵妃夏朝冠",融入沈阳故宫收藏的婉容皇后佩戴过的"珍珠凤凰发簪"设计风格。设计师将栩栩如生的凤鸟以"极致米珠"工艺加以镶嵌,让凤凰耀眼的身形傲视群伦,昂首大器,不失优雅姿态。

作品名称:《莲蓬翡翠胸针》

设计理念:将饱满透亮、翠绿温润的翡翠作为莲子,莲蓬运用米珠以及翠榴石不同的颜色制造立体感,而莲子是"连子"的谐音,古人寓意为"多子多孙,子孙满堂",有如意连连的吉祥意涵。设计师将自然界的生物表现得活灵活现,清莹的翡翠透过精致的镶嵌,让作品更加清爽,实属难得的艺术珠宝作品。

设计师简介

来自中国台湾的国际华人珠宝艺术家林晓同,曾获1997年世界黄金协会亚洲区荣誉大奖、2002年第二届 The Gold Virtuosi International Jewelry Award 意大利国际珠宝设计大奖,同时也获得国际大溪地珍珠首饰设计大赛优秀奖。于两岸三地成立个人同名珠宝品牌 LIN SHIAO TUNG,累积20多年深厚的创作能量,重新为当代华人找回对玉石文化的情感联结。2018年两件"幸福青鸟"作品登录全球唯一珠宝奢侈品潮流趋势权威意大利 Trendvision 的2020年奢侈品流行预测大典后,其玉石设计已成为华人艺术家的新典范代表。

林晓同擅长以当代的幸福情感与设计语汇,内敛动人地传递中华文化温润的情感。"随玉而安"设计系列突破文化藩篱与人文时空,为当代珠宝设计开创了崭新的"新玉时尚"。他坚持原创,个人作品拥有8项专利的林晓同也为金马奖影帝梁朝伟、刘德华、黎明及影后李心洁等设计钻石荣耀胸章,更是数度受邀担任中国宝石协会珠宝首饰设计大赛评审。

作品名称:《灵羊》

设计理念:红、黑、黄,强烈的对比色,神秘、祈福的灵羊造型,从东方古老藏族灵羊祈福庇佑的寓意出发,创作出独一无二的红珊瑚灵羊脸部骨架造型。林晓同创作的"石魅"系列,将每件灵羊作品以黑钻密钉镶满整体,让每颗宝石独特的生命力恣意开放。

作品名称:《青鸟花雨夜》

设计理念:雨夜,当青鸟飞入国画的水墨风景时,让自然的有机宝石——珊瑚,透露出月光石、茶钻的彩墨色调。保有天然美感的天然珍珠柔美花瓣,刻凿沧劲痕迹的黑色树干投射千颗茶钻所铺陈的月影光华,表现出国画中"以形写意"的东方文人意境。

作品名称:《晓》

"晓",以一股向上提升的力量,让光影缓缓乍现,凝结"晓"字丰沛的文化情感内涵,集结580颗渐层渲染的钻石与蓝宝石,弥漫成日夜交替、太阳初醒的温度。宝石光彩由静而动、由深至浅,也交织出由黑夜转向白昼的景致。

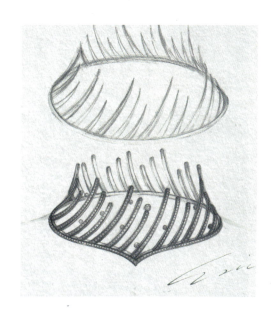
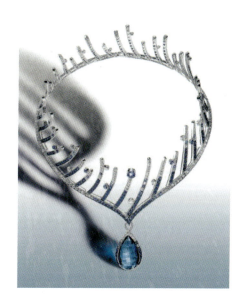

作品名称:《EricJade Bear陪伴小熊》

设计理念:林晓同结合不同镶嵌方式,用星空中弦月清丽高挂的美好,展现月光最温柔的守护力量。切割过的宝石与未经修饰的彩色刚玉原石错落排列,虽有冲突性却异常和谐,宁静指引着梦想的方向,轻洒下许多的希望。

作品将父亲的思念与祝福,通过一只只栩栩如生的玉熊层层传递。

设计师简介

蔡沛珍，1988年出生于中国台湾台北，自小学习绘画，高中时偶然发现珠宝设计的魅力，大学时期决心投入珠宝设计的行列。2014年于英国伯明翰城市大学取得珠宝设计硕士学位，后赴英学习更精深的设计思想与逻辑，不只开阔了视野，也活跃了思想，对珠宝设计充满无限热情。作品曾至荷兰、德国、日本等地展出。擅长手绘珠宝设计、3D珠宝绘图、蜡雕等。

作品名称：《窗与花》（2012年创作，项链）

设计理念：透过创作去思考传统文化在现代生活中所扮演的角色。当传统文化逐渐在现代人的生活中消失，那传统工艺如今又将扮演着怎样的角色呢？

此系列作品，将传统元素重新设计，建立或创造传统文化和工艺与现代生活的桥梁，将美好保留于当下的时空中。

作品名称:《彩田》(2009年创作,发饰)

设计理念:设计灵感来源于中国云南梯田,用珐琅彩绘的工艺展现出阳光照射下多彩的梯田风貌。

作品名称:《梅》(2013年创作,戒指)

设计理念:娇艳欲滴的粉色玫瑰在冬天里盛开,表现出女人坚强且美丽动人的一面。

作品名称:《窗外正下着雪·北京故宫》(2018年创作,项链)

设计理念:还记得这两年每次到北京,都是冬天,对于来自南方的我来说,彻骨的寒冷让我无法忍受,但下雪时的北京又有着另一番风情。尤其是第一次去北京故宫,那是12月初的一个冬天,天空飘着小雪,但地面已经铺满了厚厚的一层雪,雪白的雪花样着鲜红色的高耸围墙,美得让人无法忘怀。

第二节　中国香港著名珠宝设计师

▮▮▮ 设计师简介

Gigi Cheng的设计灵感来自于香港无限的活力,其原创品牌G-Link将艺术融入首饰当中,曾获得多项珠宝设计奖项。亦曾为捷克小姐选举和国际时尚超模大赛设计后冠并获赞许。

Gigi也致力于业界及公益,是香港品牌总商会的始创人,希望能带领香港设计师小众品牌走上品牌发展之路。凭着所累积的丰富经验,为香港品牌创建更广的渠道与发展空间。

Gigi重视原创设计,和志同道合的资深中港澳珠宝设计师们共同组建珠宝设计师俱乐部,同时得到政府、院校及各大商会的大力支持,创立了隶属广东省珠宝玉石交易中心的"珠宝设计师俱乐部"。

作品名称:《春之活力》

设计理念:珍珠代表冰雪和雪水,渗透在由黑色珐琅及钻石象征的龟裂的土地。在迷人的春季,倾情地寻找生命、发现生命、领略生命、享受生命。

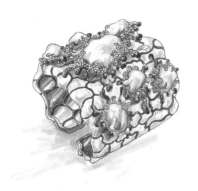

作品名称:《愉快》

设计理念:纯洁的珍珠与闪亮的钻石就像落入凡间的音符,在人生的五线谱上演奏着一曲曲愉快、清新的东方乐曲。

作品名称:《火花》

设计理念:火象征着力量和激情,当炙热的生命遇到火一般的激情时,迸裂出无数活力的火花,怀着乐观和积极的心态,让自己快乐的心成为火一般的能源,去温暖关怀他人。

■■■ 设计师简介

方洁然,香港杰出珠宝设计师,其作品呈现出对真、善、美的热情追求,并传承着生命的爱与美。她懂得品味大自然的宏伟和优美,也会顺手拈来天然的精妙之处,并融入作品之中,使之生气盎然、充满灵性。

设计者语录

"我遇见的每位女士都仿若一枝独特的花朵。我内心总有一股冲动,希望可以替她们展现各自的独特美态、气质,透过作品诱发她们的内在光芒,让更多的人欣赏。我的作品唤醒喜悦,让穿戴者和观赏者同时感受得到。"

作品名称:《花·绽·蝶》

设计理念:在神奇花园里,花蕾绽开时众多七彩缤纷的蝴蝶就从花蕊中飞跃而来,盘旋在花丛上空,组成一幅幅灿烂的花卉图案,活像空中飞舞的花朵,与地上盛放的花儿相映成趣,在一动一静之间构成一幕幕赏心悦目的场景。是花?是蝶?还是梦?一切源于想象中……

▮▮▮ 设计师简介

黄君亮,师从珠宝设计黄秋华、许天永,曾获"第四届亚洲工艺美术大师"荣誉称号。2017年被中国上海市首饰设计协会授予"中国优秀高级珠宝首饰设计师"称号。2018年获评中国改革开放40周年"珠宝行业先锋人物"。现任澳门鼎立珠宝实业有限公司总设计师、董事长。

作品名称:《观自在》

设计理念:该作品采用内雕技法,黄君亮将此技术命名为"黄氏三维五面",紫晶折射出三面观音影像,寓意佛家中所说的"用最少的悔恨面对过去,用最少的浪费面对现在,用最多的梦想面对未来"。

作品名称:《牡丹华翠》

设计理念:片片扶风若紫霞,华贵尽显真国色。翠惊天下无双艳,方寸之间动京城。

作品名称:《蝶梦》

设计理念:"蝴蝶欠我一曲霓裳,我欠蝴蝶轻舞飞扬……"此款为胸针款,采用纯手工制作并加上钛金属的丰富色彩,在工艺上突破传统制作手法来体现蝴蝶的轻盈姿态,从不同角度感受蝴蝶色彩的变化。

作品名称:《万物之神》

设计理念:此作品采用反向思维的内雕手法,展现雕工的精巧,折射出五面女神的倒影,充分表达出女神一者多身的含意,彰显独特的雕刻功力。再配合现代冶金、镶嵌、打磨等技术,重新展现人类的精神文明。

名称:《翠蝶》

设计理念:以蝴蝶为灵感,用精湛的石镶石工艺展现飞舞精灵的翠绿翅膀。运用不同材质衬托翡翠,当光透射进来,让翡翠更加翠绿,如同一只圣洁之蝶振翅欲飞。此款珠宝释放出独特品位与个性,表达了破茧成蝶的美好愿景。

作品名称:《悠然自得》

设计理念:作品充满精妙动人的细节,精雕细琢,鱼儿的尾巴绚彩灵动,悠然自得的鱼儿仿佛沉浸在喜悦中。此作品为胸针、戒指及吊坠三用款的人性化设计,配有翡翠、纯钛金属、珍珠,是一件展现旺盛生命力及多彩人生的艺术品。

设计师简介

曾文庆,出生于有粤北凤城之誉的清远。2000年开始从事珠宝设计工作,热爱艺术、音乐、运动等。对中国传统文化与世界时尚艺术具有敏锐独到的领悟。善于把握生活上的细,从生活与时代的轨迹中,提炼艺术创作元素。其创意表现细腻、别致,富于灵动性,对视觉和结构有深刻的体会和研究,具有深刻的情感文化内涵。其设计作品备受国内外时尚精英喜爱。

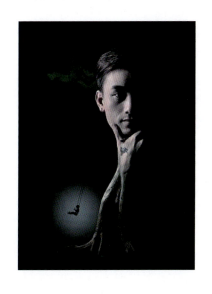

作品名称:《甜缘蜜意》

设计理念:本套装系列以象征着甜蜜生活的蜂巢与蜜罐为设计元素,通过产品造型设计,向消费者传递了蜜蜂牵缘一线、蜜意连连、幸福满溢的美好愿景。设计师巧妙地将吊坠、戒指有机融合成为一个甜蜜温馨的蜜罐,寓意人们同心同德、相濡以沫,携手共建爱的家园!

作品名称:《说文解字》

设计理念:文字是人们传情达意的工具,文字由笔画构成,通过片言只字我们可以管中窥豹,一叶知秋。本系列设计概念源自中国特有的文字文化,通过解构主义的手法,将文字的笔画进行提炼、重构,引发无尽的想象。

▪▪▪ 设计师简介

黄湘民(Simon),"80"后高级私人定制珠宝设计师,行内人称"盟主"。橙子珠宝创始人,从事珠宝设计工作已有18年,设计作品荣获国际、国内各类珠宝设计大赛奖项。在珠宝手绘、工艺、电脑制图等方面全面发展,体现了他对匠心精神的追求。设计风格兼顾自由与商业,具有丰富的实战设计以及工艺制作经验,为国际顶级珠宝供货商提供设计服务。黄湘民于2016年创办橙子珠宝设计培训中心,培养了一大批优秀的珠宝设计人才,具有丰富的教学经验。

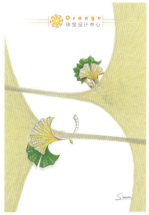

第三节　中国内地著名珠宝设计师

■■■ 设计师简介

郑宏，1994年毕业于沈阳鲁迅美术学院工业造型设计专业，资深珠宝设计大师，中国地质大学（武汉）珠宝学院客座硕士生导师，深圳珠宝首饰设计师协会副会长，中国商业珠宝设计创始人、情感场景产品研发的先行者。从业25年，历任多家珠宝企业艺术总监或顾问，潜心钻研珠宝设计教育与品牌设计管理课题，培养出众多的优秀设计师。拥有大量专属产品设计及市场成功运作案例，对商业产品开发理论与实践有深度研究。善于全品类珠宝首饰供应链资源整合与开发。

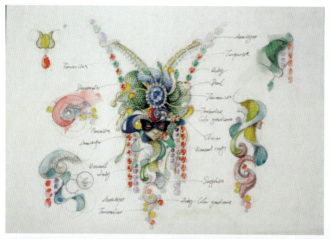

设计师简介

吴地太，深圳市工艺美术大师、高级工艺美术师、广东省工艺美术协会会员、深圳市工艺美术行业协会理事、深圳珠宝首饰设计师协会创会会员、金银文化创新发展与品牌战略研究专家。创立信德缘集团品牌文化战略研究及中和盛世珠宝文化创新创意产业园大师工作室。获评2007年深圳年度人物"时尚盛典"行业优秀设计师。2008年首创系列金银文化产品、艺术品被邀全国巡展。2012年入选首届(深圳)最具创意影响力人物榜。

代表作品：《金鸡报喜》《龙道百宝壶》《强国之梦——龙行天下》《喜福之夜》。

作品名称:《荣誉权杖》

设计理念:权杖是权力与力量的象征,它不仅是西方权势与贵族文化的产物,而且早在远古时期中国就有先人制作黄金权杖。设计师精心选择可永久保存的黄金与红木材质作为材料并进行组合,权杖顶部以腾龙为要素进行设计,材质选用999千足纯金,4条腾飞之龙托起龙珠,寓意龙的传人,龙腾四海。《荣誉权杖》的横空出世蕴含"居高位者,厚德载物,君临天下"之气魄,是中国高端黄金文化艺术精品领域又一大师巨作。

作品名称:《清明上河图》

设计理念:该壶以中国古代十大传世名画之一《清明上河图》为素材,整个壶型通过精心设计布局,图腾以精细浮雕手法表现,壶把以特色金包银工艺精工包镶,壶盖图腾以錾刻工艺制作,体现金银壶整体艺术视觉表现力与高超制作技艺。此壶具有较高的艺术鉴赏价值和收藏价值。

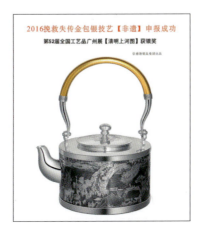

设计师简介

文罡(艺名:草铜锤,微博美学大V)曾就读云南艺术学院工艺美术专业,一直从事和工艺美术相关的工作。

2006年进入珠宝行业。2008年创建工作室,专业从事珠宝设计研发与加工制作,在国内各大展览比赛中屡次斩获奖项。工作室培养了一大批优秀的珠宝设计人才。

作品名称:《窗棂》(手镯)/《窗棂》(项链)

灵感来源:《南歌子·南圃秋香过》(宋,李光)。

南圃秋香过,东篱菊未英。蓼花无数满寒汀。中有一枝纤软、吐微馨。被冷沈烟细,灯青梦水成。皎如月明入窗棂。天女维摩相对、两忘情。

作品名称:《流光》

设计理念:记录生命的点滴和轨迹。

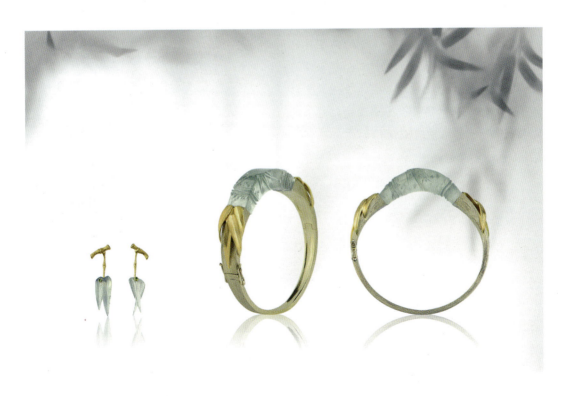

设计师简介

姜利祥,云南省珠宝玉石首饰行业协会副会长、云南省珠宝玉石首饰行业协会设计与工艺委员会主任、深圳市珠宝首饰设计师协会副会长、昆明天使原创企业管理有限公司总经理、昆明爱者珠宝有限公司总经理。

他追求新颖、淳朴,专注返璞归真和探讨个性原创设计,用生命体现设计者的灵与魂。

作品名称:《九环锡杖》

设计理念:《西游记》中如来佛祖让观音菩萨去往东土寻找取经人。如来道:"这一去,要踏看路道,不许在霄汉中行,须是要半云半雾:目过山水,谨记程途远近之数,叮咛那取经人。但恐善信难行,我与你五件宝贝。"即命阿傩、迦叶,取出锦襕袈裟一领,九环锡杖一根斋,对菩萨言曰:"这袈裟、锡杖,可与那取经人亲用。若肯坚心来此,穿我的袈裟,免堕轮回;持我的锡杖,不遭毒害。"而本作品灵感便源于此中后来成为唐三藏宝器的——九环锡杖。锡杖古为佛陀传经时所持之物,所持者受九方刹土住锡的九位菩萨护佑,让所持者趋利避害。

设计师简介

代波军，2002年毕业于中国地质大学（武汉）珠宝学院珠宝设计专业，中国地质大学（武汉）珠宝学院研究生企业导师、西安美术学院珠宝首饰设计实习基地指导老师、武汉工程科技学院企业导师、武汉·中国宝谷特聘珠宝创意设计师、深圳市珠宝首饰设计师协会荣誉理事、深圳市金银珠宝创意产业协会理事、深圳市南山区职业教育集团珠宝专业委员会委员。在20多年的设计生涯中，其珠宝设计作品屡获珠宝设计大赛大奖。代波军一手创办的代波军艺术珠宝设计制作公司，专注于孤品艺术珠宝的设计定制工作。2013年开始专注于异形海水珍珠作品的设计创作。

作品名称：《喜上眉梢》

设计理念：采用18K金镶嵌异形海水珍珠，将传统珠宝工艺与创意相结合，用精湛手工技艺完美演绎创意。每一件作品都是纯手工完成，努力做到精益求精，任何一个环节都竭尽所能做到完美，并保留每一件首饰的手工感。

设计师简介

王瑜淇,CTT珠宝设计工作室创始人、瑞士古柏林认证珠宝鉴定师、NGTC(国家珠宝玉石质量监督检验中心)认证珠宝鉴定师、香港珠宝学院认证珠宝设计师、国际翡翠学协会专业会员、中国设计师协会会员、深圳市珠宝首饰设计师协会理事、云南珠宝玉石文化促进会副会长、云南省工艺美术专业职称评审会委员。

作为CTT的珠宝鉴定师和设计师,王瑜淇一直不断地学习研究中西方珠宝首饰发展及演变,努力尝试将中国的传统图案与当代的审美设计思维相融合,同时结合简约的制作手法来呈现自己的作品。她希望创作出一些更具民族性和时代性的珠宝首饰作品。曾多次参加国际、国内珠宝设计大赛,2017年3件作品同时入围国际翡翠时尚设计大赛并进行巡展;2018年作品《瑾煜流韵》荣获"神工奖"银奖和"天工精制"国际珠宝设计大赛金奖。

作品名称:《桌趣》

设计理念:桌子是有温度的家具,也是家的中心点,工作、生活、休闲都围绕着它。它是家人心灵寄托之地。

作品名称:《妆匣》

设计理念:妆匣承载着中国女性最贴身、最钟爱的首饰。妆镜前的旖旎风光,珍藏着一世芳华。

作品名称:《瑾煜流韵》

设计理念:"瑾"指美玉,也比喻美德。"煜"是明亮的意思,"瑾煜"即为明亮的美玉。这套以天然美玉精雕细琢而成的艺术作品,用倾力打造的完美设计,诠释了品牌的非凡匠心和大自然的钟灵毓秀。作品采用丝绸的质感和至简流畅的古朴线条,将全部的线条进行环绕式设计,使中国古典艺术元素与国际现代珠宝美学完美融合,使艺术创作具有更多的可能性,多种材质、多种文化的交汇碰撞出灿烂的火花,同时作品又寓意如丝绸之路一样的全球化发展态势。

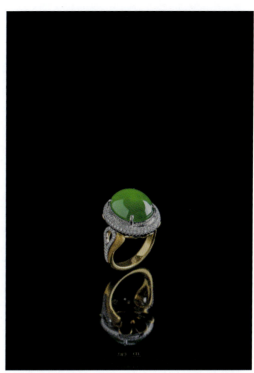

设计师简介

雷加木Sashimia高级珠宝定制品牌联合创始人、深圳彩宝城产业链有限公司设计总监、中国美术家协会会员（市级）、深圳市珠宝首饰设计师协会会员。

艺术作品在浙江省美术馆、宁波美术馆、温州市美术馆、中国西部水彩网展出。作品多次被《芭莎珠宝》刊登。作品《激浪成荆》获2018年JMA国际珠宝设计大赛优秀奖。她所创作品于2014年被法国著名珠宝人Pradat先生邀请收录进《设计师推介与设计师锦集》中，《设计师推介与设计师锦集》还收录了中国台湾设计大师林宏裕、国际著名华人设计师张莹等的作品。设计作品《浮生叶雨》由"第21届中国模特之星大赛"十佳选手康娜佩戴。设计作品《浮水凝》《金色朝夕》由"第21届中国模特之星大赛"冠军崔晨晨佩戴。

《昭君出塞》手绘稿

《昭君出塞》

设计师简介

王婧洁,深圳市国玉天工实业有限公司总经理、深圳市时尚买手协会常务副会长、深圳市玉首饰文化联盟发起人、JING-STUDIO创始人。

2008年毕业于西安美术学院后留学意大利米兰继续深造,专攻设计。先后毕业于意大利米兰马兰欧尼时装设计学院和米兰新美术学院。

2013年回国后,与上海玉雕大师顾小平合作,创作作品获"中国翡翠神工奖"银奖。

《饕餮平安套牌》荣获2013年"中国玉石雕神工奖"银奖。

《大美昆仑》荣获2013年"中国玉石雕神工奖"银奖。

《阴阳》荣获2013年"中国玉石雕神工奖"银奖。

《十八罗汉》荣获2015年"中国玉石雕神工奖"金奖。

《天使玉印》荣获2016年"中国玉石雕神工奖"最佳工艺奖。

《极光星辰》荣获2018年"Hot Sale大麦杯"珠宝玉石首饰全球原创设计成果商业大奖赛"2018十大热销原创单品"提名。

设计师简介

李维,国家贵金属首饰与宝玉石检测员,高级技师,深圳银の道高端文化银饰创始人,深圳市军盛达珠宝有限公司设计总监,深圳市香巴拉珠宝有限公司设计顾问。

李维不断学习探究传统文化,以中华文化内容为基石,结合当今社会前沿元素,制作精致的饰品,让大众了解并传播,为宣扬和推广民族优秀文化传统,继承和弘扬中华博大的人文精神做出贡献。

擅长:文化创意、造型设计、机关结构。

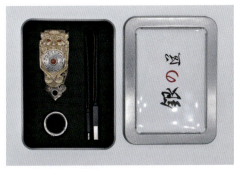

设计理念：貔貅多功能夹是一个带转盘的多功能组件，通过与数据线及扣环的组合可以衍生出多个产品，如钱夹、皮带夹、数据线收纳、便携钥匙扣。

貔貅多功能夹的设计开发是对珠宝饰品两个新方向的探索，即珠宝生活实用性以及珠宝动态趣味性，同时将中华传统文化置入其中，进行改造传播。貔貅招财而八宝保平安，转盘又带有转运的意思，符合购买者的心理需求。此外转盘还带来视频及图片所不能提供的体验感，也是此款作品取得优异销售业绩的重要因素。未来的首饰设计将呈现多元化、深入化、小众化的特点，需要不断提炼产品，表达出想要传递的信息。

设计师简介

冯向东,毕业于中国地质大学(北京)珠宝学院,10年来一直致力于商业珠宝设计工作。他是一位善于反思的设计师,以人的需求和消费驱动力为引导,在产品设计上不断突破;在商业设计中灵活把握"创新"的量度,寻找珠宝消费的"痛点"。他喜欢用简约时尚的手法传递深入内心的"理念"。

Scent of a Woman

识香女人

第七章 两岸三地著名珠宝设计师

那一年的雪花飘落梅花开枝头
那一年的华清池旁留下太多愁

贵妃醉酒

设计师简介

陈世英，珠宝诗性哲学家。30年前，福州来的雕刻小学徒，在30年后震惊巴塞尔珠宝展。在华人世界唯一担得起珠宝大师之名的陈世英，早在20世纪80年代中期就开创了以自己名字命名的Wallace Cut 雕刻法，在欧亚大陆声名鹊起。无论是王菲的那枚能够"站立"的婚戒，还是俄罗斯皇室成员为新婚太太定制的神秘礼物，比起它本身的夺目光彩，巨星贵胄的青睐都显得不足为道。当他对新材质的开发应用解决了世界珠宝界的重大难题后，面对国际顶级珠宝品牌的盛情邀请，他只淡淡地说了一句"我要做自己的事。"在欧美珠宝业巨头们面前，他是"那个可怕的中国人"，因为看过他作品的女人，对几乎所有的奢侈大牌都会丧失兴趣。

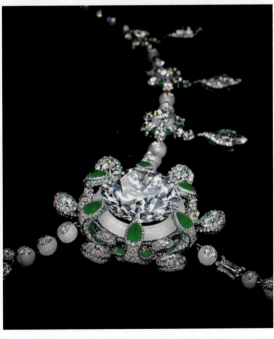

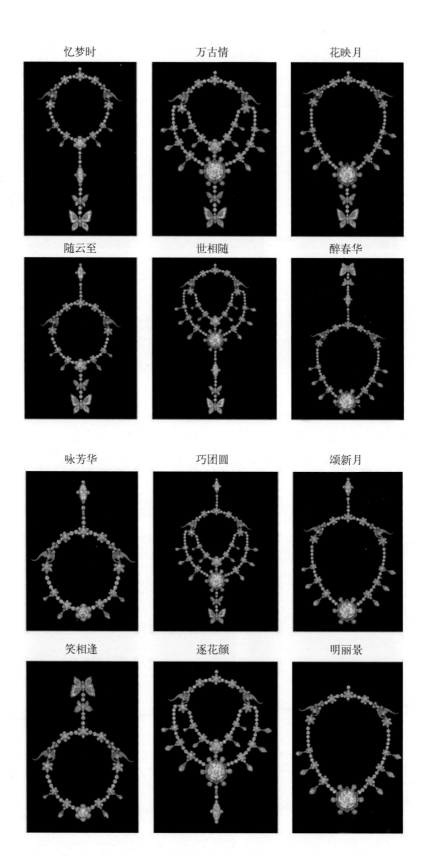

附录 中国珠宝品牌案例赏析

一、缘与美(Y&M)公司简介

"中国改革开放40周年珠宝行业领军人物"林添伟先生在1986年和珠宝结下了不解之缘,1997年创立了"缘与美"。经过20多年的发展,Y&M目前已发展成为一家集珠宝原创设计、手工与自动化集成制造、品牌整合营销于一体的大型珠宝企业,是中国地质大学产学研合作单位,珠宝行业首家"非物质文化遗产研发基地",是"中国改革开放40周年珠宝行业科技创新奖及行业先锋奖"荣誉企业,拥有深圳总部和玫瑰印记两大展示中心。与国际众多权威机构保持长期合作关系。《莲花钻石》和《瑰丽镶嵌》入选中国珠宝玉石首饰行业协会(GAC)宝石鉴定师考试指定教材《珠宝玉石学》。

二、缘与美(Y&M)产品荣誉

《释放》(钻石项链)在2014年DTC国际钻饰设计大赛中获奖。
《宝相花》(钻戒)荣获2007年、2009年中国珠宝首饰设计先锋奖钻饰组金奖、最佳工艺奖。
《缘美幸运七星》(钻石项链)荣获2007年国际珠宝设计大赛最佳工艺奖及优异设计奖。
《福豆》荣获2010年国际珠宝首饰设计大赛最佳创意设计大奖及"簕杜鹃"杯最佳制作奖。
《玫瑰印记》荣获2013年深圳国际珠宝首饰设计大赛专业组一等奖及最佳工艺奖。
《玫瑰印记—瑰丽》斩获2015年芭莎珠宝高级珠宝年度设计大赏杰出珠宝设计大奖。
《北京猿人》荣获2017年第二届"天工精制"国际珠宝作品大奖赛钻石组金奖。

三、Y&M旗下品牌"玫瑰印记"简介

基于对珠宝独到透彻的理解,对挚爱真情的极致探索,林添伟先生于2014年成立了凝结着智慧、时光、激情和专注的"玫瑰印记"艺术珠宝工作室。"玫瑰印记"怀抱澎湃的创作激情,融合卓越的设计造诣,将象征浪漫的玫瑰和永恒之爱的钻石作为设计元素,巧妙地提炼出品牌的标志性符号,并将其贯穿于整体的设计之中,以精湛的工艺和非凡的灵感奉献更多艺术

瑰宝，是玫瑰与爱完美结合的构成艺术，形成"专属、浪漫、唯一"的品牌特质。"玫瑰印记"将玫瑰通过符号化表达来作为其品牌的核心识别基因。它将玫瑰的各种形态包括开放的玫瑰花叶、玫瑰花苞、玫瑰花萼、玫瑰花枝、玫瑰花朵等元素及专属于"玫瑰印记"的五大LOGO融入产品之中，将代表爱的玫瑰符号融入到"玫瑰印记"品牌的灵魂中，从而成为"玫瑰印记"专属、独有、唯一的品牌基因符号。当消费者看到玫瑰，就能想到"玫瑰印记"品牌，看到"玫瑰印记"品牌上任何一处玫瑰元素，就能一眼识别"玫瑰印记"的品牌。"玫瑰印记"坚持"一座城市，一朵玫瑰"的商业战略，以服务终端零售商为导向，始终坚持持续更新研发产品，创新升级技术，并为客户提供有效的营销服务，支持客户发展。目前"玫瑰印记"已经已与全国120多个城市80多家知名珠宝品牌近500多家店铺达成合作。

未来"玫瑰印记"将一直保持着对玫瑰和爱情的新鲜与热情，勇敢创新，利用精心设计并结合精湛工艺，不断给予世界惊喜和美丽！

玫瑰印记创作设计

原创手稿

3D设计

3D设计效果图　　　　　　　　　　　　　实物效果图

玫瑰印记品牌产品赏析

247

附录

中国珠宝品牌案例赏析

鸣　谢

　　《商业首饰设计（第二版）》是由深圳市泽木文化传播有限公司和潘焱设计工作室联合编写的设计类珠宝教材。教材编写历时3年，汇聚了作者多年的设计成果，展现了商业首饰设计多年的发展轨迹。出版过程几经波折，终于付梓成书。该书的顺利出版，离不开行业协会、珠宝单位、珠宝设计师的大力支持与帮助。特此鸣谢！

支持协会：
深圳市黄金珠宝首饰行业协会
深圳市金银珠宝创意产业协会
深圳市珠宝首饰设计师协会

支持单位：
甘露珠宝　缘与美　壹海珠　金嘉福　国玉天工　信德缘　香港珠宝　爱的记忆
彩宝城（沙西米亚珠宝）　PY设计工作室　泽木文化传播有限公司

支持设计师（按姓名首字母顺序排）：
吕政男　林晓同　林芳朱　郑陈曼芝　方洁然　黄君亮　姜利祥　草铜锤　王瑜淇　蔡沛珍
吴地太　曾文庆　王婧洁　代波军　冯向东　黄湘民　雷加木　郑　宏　李　维

选题策划：
张　琰　海钟方　潘　焱

图书在版编目(CIP)数据

商业首饰设计/潘焱编著.—2版 —武汉:中国地质大学出版社,2020.12(2024.9重印)
ISBN 978-7-5625-4909-3

Ⅰ.①商…
Ⅱ.①潘…
Ⅲ.①首饰-设计
Ⅳ.①TS934.3

中国版本图书馆CIP数据核字(2020)第241695号

商业首饰设计(第二版)

潘焱 编著

责任编辑:彭 琳	选题策划:泽木文化	责任校对:周 旭
出版发行:中国地质大学出版社(武汉市洪山区鲁磨路388号)		邮政编码:430074
电 话:(027)67883511	传 真:(027)67883580	E-mail:cbb@cug.edu.cn
经 销:全国新华书店		http://cugp.cug.edu.cn
开本:787毫米×1092毫米 1/16		字数:364千字 印张:16.25
版次:2020年12月第1版		印次:2024年9月第2次印刷
印刷:湖北新华印务有限公司		印数:2001—3000册
ISBN 978-7-5625-4909-3		定价:98.00元

如有印装质量问题请与印刷厂联系调换